U0195775

THE SECRET OF

世界原来如此

人体的秘密

[斯洛文尼亚] 萨索·杜伦克 著　　李江艳 译

浙江文艺出版社
Zhejiang Literature & Art Publishing House

HUMAN BODY

图书在版编目（CIP）数据

人体的秘密 /（斯洛文）萨索·杜伦克著；李江
艳译. —杭州：浙江文艺出版社，2024.8
　　（世界原来如此）
　　ISBN 978-7-5339-7494-7

　　Ⅰ.①人…　Ⅱ.①萨…　②李…　Ⅲ.①人体—普
及读物　Ⅳ.①R32-49

中国国家版本馆 CIP 数据核字（2024）第 038648 号

版权合同登记号：图字 11-2020-032，11-2020-033，11-2020-034

责任编辑	金荣良	封面设计	徐然然
责任校对	牟杨茜	营销编辑	汪心怡
责任印制	吴春娟		

人体的秘密

[斯洛文尼亚] 萨索·杜伦克　著　李江艳　译

出版发行　浙江文艺出版社
地　　址　杭州市环城北路 177 号
邮　　编　310003
电　　话　0571-85176953（总编办）
　　　　　0571-85152727（市场部）
制　　版　杭州天一图文制作有限公司
印　　刷　浙江超能印业有限公司
开　　本　880 毫米×1230 毫米　1/32
字　　数　132 千字
印　　张　7.625
插　　页　1
版　　次　2024 年 8 月第 1 版
印　　次　2024 年 8 月第 1 次印刷
书　　号　ISBN 978-7-5339-7494-7
定　　价　45.00 元

目录

身体的秘密

与疾病缠斗

医学与健康

生态与进化

故事会

身体的秘密

基因有记忆吗

2003 年，科学家成功破译了人类基因组，这是一个划时代的伟大成就，但人类遗传学中的许多问题仍未得到解答。其中包括细胞中特定的基因会在什么时候被激活，以及控制这些基因激活的机制，这也是最近许多科学家在基因领域最重要的研究目标之一。

生命的语言

古希腊人是第一个系统地思考自然机制的，自那时起，生物与非生物之间的区别就一直是自然科学家的核心兴趣所在。几千年来，许多伟大的思想家都试图定义"生命的奇迹"，但他们最多也只是提出了一个假设：存在一种"生命力"，正是这种生命力给自然界中没有生命的元素赋予了生命。

这种观点延续了几千年，直到 20 世纪下半叶还有许多人相信。1968年，哈尔·葛宾·科拉纳、罗伯特·威廉·霍利和马歇尔·沃伦·尼伦伯格破解了遗传密码并获得了诺贝尔奖，原来生命的秘密不是某种能赋予无生命物质生命的神秘力量，而是两条螺旋状的DNA，关于生命物质如何工作的全部信息都藏在DNA双螺旋结构中。

如今我们生活在信息时代，生活在计算机的包围中，对数据的概念自然非常熟悉。我们也常常意识到，确定一种标准的、可转换的数据代码形式有多么困难。单单是多媒体方面，我们就能看到无数种用来处理声音和视频的程序，它们使用的代码形式当然也是数不胜数。

Warren Umoh 供图

像计算机一样，活体细胞也能通过代码来阅读、转录和解释信息。然而在计算机领域不可想象的事情是，已经在地球上存在了35亿年的细胞至今仍然在使用同一种代码。正是因为所有细胞使用的代码一直没有变，一个细胞中的编码信息可以被任何其他细胞读取，比方说，如果我们把人类细胞中的某些编码信息转移到细菌细胞中，那细菌就能够读取并转录这些信息。

基因和基因组

生物体的全部遗传物质的密码被称为基因组。马特·里德利的《基因组：生命之书23章》是一部关于基因组的优秀著作，他在书中提出了一个有趣的类比：若把基因组比成一本书，那么此书：共有23章，每一章即是一对染色体。每章均包含数千个故事，每个故事就是一个基因。每个故事都由不同的段落组成，即外显子。段落之间插播广告，而这些广告就是内含子。每个段落均由单词组成，此单词就是密码子。每个单词是用字母写就的，此字母就叫作碱基。

已知能独立生活的最小的基因组属于一种支原体，只包含473个基因。因此，已知最短的生命之书包含不到500个故事，只有不到20万个单词。

最近被解密的人类基因组是生命之书的最长纪录保持者，它包含约2.5万个故事，10亿个单词。里德利这样说道："如果每天以每秒一个单词，每天读8小时的速度来读取基因组，那将需要读上100年。如果把人类基因组写下来，每个字母一毫米，则总长度堪比多瑙河。这是一个巨型文档，一部浩瀚的书，一张冗长的配方，可是竟能把它们全都置于一个比大头针针尖还小的细胞微核之中。"

大自然用一个非常简单的字母表写下了生命之书，它不超过四个字母。构成DNA碱基的四种氮碱基被称为腺嘌呤（A）、胞嘧啶（C）、鸟嘌呤（G）和胸腺嘧啶（T）。生命之书的词汇量也并不丰富，因为所有单词也就是密码子都是由其中三个字母组成的。基因组在长长的DNA分子中编码，在适当的情况下可以被阅读、转录和解释。这种大自然的语言遵循一种简单的化学语法："A和T在一起，G和C在一起。"

表观遗传学

在古典遗传学中，基因被认为是一个抽象的概念，表示从一代传递到下一代的遗传信息单位。随着分子生物学的发展，基因这个术语的含义也变得越来越实质化，并且被用来表示携带蛋白质生成信息的DNA转录本的一部分。

遗传物质通过DNA双螺旋结构的编码转录在生物中间进行代际传递。我们可能会认为，我们生活中发生的事情不会对遗传给后代的DNA序列产生直接影响，但最近的研究表明事实并非如此。研究人员已经发现了一系列的机制，可以使某些基因在不改变DNA序列的情况下激活或失活，就像台灯的开关一样。而且更有趣的是，这种基因的激活或失活完全不同于基因突变，因为它在传递给下一代的同时不会破坏DNA序列。

遗传学家们发现，遗传信息通过DNA转录以外的其他渠道从一代传递给下一代的案例越来越多。"表观"这个术语本身具有"外部的""外来的"这种含义，表观遗传是指某些生物信息通过化学方式转移到下一代身上的同时没有引起DNA转录本内任何变化的现象。

表观遗传学研究的就是这种非常特殊的遗传形式，其中最关键的是导致单个基因开启或关闭的DNA代码附件。这些附件是DNA链上的化学附属物，其中甲基的结构最简单，只有1个碳原子和3个氢原子，它可以阻止某种基因转录被翻译成蛋白质的形式，从而使这个基因保持不活跃状态。

一个瑞典村庄的饥荒

我们祖先的生活方式，包括他们的环境、饮食习惯、呼吸的空气质量等等，即使我们从未经历过同样的生活，这些因素也会直接对我们产生影响吗？我们生活中的事件会影响我们子孙的生活吗？基因有记忆吗？

BBC"地平线"系列纪录片《你基因里的幽灵》介绍了一个关于遗传研究的有趣案例。20世纪80年代，英国遗传学教授马库斯·彭布雷和瑞典医学博士拉尔斯·奥洛夫·本格伦在瑞典北部的一个偏远小镇有了一个惊人的发现。他们研究了当地详细的人口登记信息以及19世纪每年的收成记录，发现环境对族群的影响是代代相传的。一代人的饥荒经历对他们的孙辈产生了明显的影响，这是最早证明人类生活中的外部事件会对后代产生影响的证据之一。

这个瑞典小镇在19世纪时几乎与世隔绝，居民们完全依赖于自己生产的食物。保存完好的城镇编年史包含了这里的人们出生和死亡的详细记录，以及每年的收成记录。彭布雷和本格伦发现，一些直接由某些健康状况导致的死亡案例与他们父辈和祖父辈的饮食条件之间存在一定的关联。极端的环境条件，例如濒临饿死，会在人类精子和卵子的遗传物质上留下深深的"印痕"，这种基因标记会将新特性传递给下一代。祖辈早年经历的某些关键时期被证明是他们孙辈预期寿命的决定性因素，男性和女性的生殖细胞在结合时会完成遗传物质的传递，在这个过程中，外部影响也起到了重要作用。

基因和环境

彭布雷和本格伦的结论是影响我们父辈和祖先的外部因素会对我们的生活产生纯粹生理性的影响，这可以在DNA的基因转录没有任何改变的情况下发生。他们的发现促使专家们重新思考关于遗传的观点。长期以来人们一直认为，遗传基因组是在受孕时，由父亲和母亲的遗传物质相结合形成的，然后安全地储存在细胞核中，并保持不变。另一个误解是我们在生活中所做的任何事情都有可能影响我们自己的身体，但对基因组没有影响。根据古典遗传学的观点，代际之间继承的只是父母不变的基因密码，因此无论传递多少代都是同样的基因，而我们自己的身体发生的任何事情都不会对我们的后代产生影响。

关于遗传信息中先天和后天的比例，也就是基因的影响和环境的影响，长期以来都是争论的焦点，科学家们现在为我们提供了一个全新的角度来看待这个问题：我们不仅仅是会完整地传给后代的遗传物质的临时使用者，我们的行为和生活方式实际上也会对我们的后代所继承的生物信息产生直接影响。

生命之书的粘页

如果我们把储存在细胞核中的遗传信息想象成一本书，那么基因突变就是这本书中的某些字母被改变了。这些巧合性的基因突变带来的变化通常都是负面的，往往会伤害生物体并导致疾病，只有在极为罕见的情况下，突变才能真正提高生物的生存概率。简单地说，这就是进化的原理。

在生命之书中偶尔也会出现粘页，尽管粘页上的文字仍然存在，但它们不再被阅读，这意味着某些基因被关闭了，不再起作用。这种变化并不属于基因突变，一般都是外部环境影响的结果，也有可能是遗传的。

总而言之，最关键的不仅在于我们继承了哪些基因，还在于它们是否被激活。我们不仅会对基因决定论产生恐惧，事实上，我们的生活方式有可能激活或关闭某些影响我们后代生活的基因，这足以成为一种全新的焦虑理由。

细胞警察

很久以前，地球上还没有出现植物和动物的时候，单细胞生物进化出一种有效的方法来抵御一些会引发传染病的病毒的攻击。就在几年前，科学家们发现，数百万年前单细胞生物体进化出的病毒防御机制在今天地球上的大多数生物中仍然活跃，包括人类。地球上的大多数生物都拥有这种机能，更深入地研究这种防御机制的原理，可以使我们更成功地治疗很多严重疾病。这也是为什么几年前发现这种原始但至今仍然非常有效的细胞机制的科学家荣获 2006 年诺贝尔生理学或医学奖的原因。

细胞体：一个法治严格的国家

活体细胞是一种高度复杂的机制，其中包括许多精确协调的化学过程，就像一个法治严格的国家，一切都要按照确切的规定进行。这个国家首都的中央宫殿里小心翼翼地收藏着大量法典，这些法典对这个国家有可能发生的一切事情都有确切规定。法典是唯一的，所以它永远不可能离开中央宫殿。然而，国家的臣民不论生产什么都需要精确的指令，所以经常有大量抄写员前往中央宫殿工作，从法典中抄录指令，并把指令发往全国各地。收到抄录副本的公民会立刻开始工作，严格执行指令。如果是一名厨师，他将严格按照收到的食谱来做菜。

这个比喻大致描述了活体细胞的运转方式。独一无二的法典包含了国家运转所必需的全部信息，正如基因序列被很小心地存储在DNA分子中，它们永远不会离开细胞核。指令的抄录副本的学名是mRNA，中文名称是信使核糖核酸，它们可以携带细胞核的信息；而在中央宫殿里抄录指令并把指令发往各处的抄写员就是RNA聚合酶（2006年诺贝尔生理学或医学奖的获奖研究成果就和这种RNA聚合酶有关）。

RNA聚合酶是包含指令副本也就是mRNA的酶分子，它们可以很容易地离开细胞核，在细胞各处自由移动。在细胞中，严格按照指令执行任务的是核糖体，它们会根据mRNA中携带的信息来生成某些特定的蛋白质，而这些蛋白质又会在细胞中执行某些特定的任务。地球上所有生物的大部分细胞都是这样运转的。

当细胞遭到恐怖分子袭击时

然而，即使是一个凡事都严格按照法典处理的国家也难免出现错误，也会遭到攻击。邪恶的恐怖分子会渗透进国家，带来恶意指令并取代官方法典的真实信息。当一个技术人员碰巧收到一套来自恐怖分子的指令时，他无法对指令的真实性做出判断，因此他会遵循恐怖分子的命令。不知不觉中，他为国家的敌人工作，甚至会在不知情的情况下制造出可怕的杀人武器。这些渗透进细胞并扰乱细胞机制的恐怖分子就是病毒，它们非常狡猾，是天生的海盗。

反恐小组

兵来将挡，细胞受到恶意攻击时会迅速展开对抗。恐怖分子渗透进细胞后做的第一件事就是繁殖，发出尽可能多的指令来制造杀人武器并散布到整个细胞。然而，当病毒繁殖的时候，复制的分子数据和原始的分子数据会在一个短暂的时间里以双链RNA螺旋的形式出现。当复制副本和原始数据分离时，这种双链RNA螺旋的结构就会解体，然后分离的复制副本会产生自己的副本。复制副本和原始数据在双链RNA

螺旋结构中粘在一起的时间非常关键，细胞可以利用这一短暂时间检测到病毒的骗局。如果细胞意识到渗透进来的指令有潜在的危险，就会立刻采取行动：派遣特殊的细胞警察部队清除伪造的虚假数据。反恐细胞警察不仅会摧毁带有副本的原始指令，还会追查并清除所有可能存在于细胞里的其他副本。

这些反恐部队的学名是RNAi，即核糖核酸干扰。美国科学家安德鲁·法厄和克雷格·梅洛因为在理解细胞抵抗病毒的机制上做出了杰出贡献而获得了2006年诺贝尔生理学或医学奖。RNAi同时也是一种控制细胞遵循或忽略个别基因指令的有效机制。

矮牵牛花之谜

和许多重要的科学发现一样，RNAi机制的发现也完全是偶然事件。1986年，加利福尼亚一家名不见经传的生物技术公司想培育一种特殊的花卉。他们希望得到一种长着鲜艳紫色花瓣的矮牵牛花。科研人员已经知道哪种基因会产生紫色花瓣，所以试图向矮牵牛花的基因序列里注入更多产生紫色的指令来强化这种基因表达。

然而实验的结果却完全出人意料，经过基因改造的矮牵牛花并没有变紫，而是彻底成了白色。起初，研究人员认为他们一定是在某个环节出了错误，但仔细检查整个过程之后，却发现没有任何错误。矮牵牛花为什么没有变紫，反而完全变成白色？这成了一个不解之谜。许多杰出的科学家花了十多年的时间才解开这个秘密。

无限的反恐意识

时至今日，我们已经知道当植物被注入新的基因时，就会启动RNAi机制，它会将人工加入的基因视为恶意攻击的病毒，进而摧毁科研人员试图添加到细胞中的所有分子指令。由于新添加的产生紫色的指令与细胞本身生成的产生紫色的指令完全相同，所以细胞派出反恐警察部队将人工添加的指令和细胞核自然产生的指令一起摧毁了。最后细胞警察成功地摧毁了所有产生紫色的指令，于是花瓣完全变成了白色。

RNAi目前阶段主要用于个别基因指令的科学研究，不过我们有理由相信，它很快就可以在诊断甚至治疗各种严重的疾病方面发挥重要作用。许多疾病的病理正是因为细胞产生了过量的某种蛋白质，而我们可以指挥细胞的反恐小组去破坏细胞内产生这种蛋白质的特定指令。医学界已经开始尝试使用RNAi机制来治疗一些疾病，包括各种类型的肝炎、亨廷顿舞蹈症、艾滋病以及某些癌症。

永生的细胞

1951年2月，时年30岁的海瑞塔·拉克斯是五个孩子的母亲，她突然注意到内衣有血迹，于是前往约翰斯·霍普金斯医院检查。医生很快得出结论，她很可能患有宫颈癌。组织样本的分析结果令人感到沮丧，拉克斯确实患有恶性肿瘤。同年10月，和病魔抗争了半年多之后，海瑞塔·拉克斯去世了。

临终病人身上的永生细胞

半个多世纪以前，海瑞塔·拉克斯和她的家人不可能想象到她肉体的生命并不会终结。然而拉克斯身上的一些细胞甚至一直活到了今天，尽管它们的主人已故去了半个多世纪。这些细胞在世界各地的许多实验室里被精心培育，甚至还和卫星一起被送到了外太空，因为研究人员希望观察零重力状态对细胞生长的影响。事实上，如果我们把拉克斯所有存活下来的细胞放在一起称重，其重量可能远远超过拉克斯生前的体重。

拉克斯的细胞的神奇之旅始于 1951 年拉克斯确诊癌症之后不久，当时她的部分肿瘤细胞组织被送到约翰斯·霍普金斯大学研究员奥托·盖伊的实验室，盖伊几十年来一直致力寻找在实验室培养人体细胞的方法，希望通过这种方法促进癌症的研究。他努力了很长时间，可惜细胞在人工创造的环境中始终无法分裂和生长。直到后来他得到了拉克斯的肿瘤细胞，决定尝试用一下。

不可思议的人类宫颈癌细胞

即使在人工培养基中过了好几天之后，拉克斯的肿瘤细胞仍然成功地继续分裂，并没有出现像之前实验中细胞样本老化和死亡的迹象。盖伊用海瑞塔·拉克斯的名字将这种细胞命名为海拉细胞。他一直谨慎隐瞒着捐赠者的身份，这件事直到他死后才被披露。

然而，当海拉细胞在盖伊的实验室里迅速繁殖的时候，它们也在拉克斯体内继续扩散，这导致拉克斯确诊半年多之后就去世了。但是这些对拉克斯造成致命伤害的细胞很快就挽救了许多人的生命。

20世纪中叶，科学家们在海拉细胞的帮助下研制出了小儿麻痹症的疫苗。直到今天，海拉细胞仍然在推动着大量科学研究，并促成了许多有关生命和身体机能的重大发现。

永生细胞系

拉克斯的细胞是第一批在实验条件下成功生长的细胞，后来又被用来创造了"永生细胞系"，也就是在适当环境下能够在体外继续分裂而不老化的细胞。在正常情况下，细胞分裂的次数是有限的（10次左右），达到极限后细胞就会丧失分裂能力，逐渐死亡。

事实上，正是细胞经过一定次数的分裂后就会死亡这一特性阻止了盖伊从人体的正常细胞中创造永生细胞系的可能。只有拉克斯的细胞显示出无限的分裂能力，这些细胞缺乏停止不受控制的增殖的机制。当海拉细胞达到分裂的正常阈值时，它们并不会死亡。

细胞侵略终结了竞争

由于海拉细胞在许多研究领域中都非常有用，所以盖伊把它们寄给了世界各地的同事培育和使用。很快，其他科学家也创造了新的永生细胞系，然而他们发现这些所谓的新细胞系实际上只是海拉细胞的另一种形态而已。这些细胞具有极强的侵略性，即便是极小的量也会感染其他细胞培养物，最终消除竞争。

例如 1972 年，俄罗斯科学家将 6 组在不同地方培育的细胞系送到美国的实验室，后来发现这些细胞系实际上全部都是海拉细胞。美国科学家在这方面也没取得更大的成功，1968 年，他们对 34 组细胞系进行了测试，结果是其中 24 组都是海拉细胞。

培养病人的细胞

随着科学家们在实验室中完善了培养人类细胞和其他哺乳动物细胞的方法，他们很快开始考虑是否有可能为特定的人群创造永生细胞系。器官移植总是伴随着免疫系统排斥的风险。为克服这一问题，医生们会让接受器官移植的病人服用特殊的药物，而且病人的余生都要定期服用这些药物，另外医生们还要竭力为接受器官移植的病人寻找基因兼容的捐赠者。只有足够匹配的器官才能进行移植，因为只有这样，当病人的系统对移植器官产生排斥时，药物才能发挥作用。

使用捐赠器官进行移植总是存在极大的问题和很高的风险，因此研究人员开始思考如何在实验室里从衰竭的器官中培育出健康的细胞。这样通过人工培养的细胞和体内已有的细胞没有任何区别，就能防止排异现象的发生。

今天，皮肤和骨髓移植已经很成熟了。从病人身上提取细胞样本，然后在实验室进行足够数量的繁殖，再移回病人体内。不过皮肤细胞的生长特别困难，需要好几周的时间才能产生足够的皮肤进行移植，这对于那些皮肤严重受损的人来说可能已经太晚了。

适应特定功能的细胞

从成人身体的各种组织中培养细胞的另一个问题是细胞分裂的次数有限。这一过程迟早会达到极限，生产出的细胞可能无法回应我们的需求。

尽管每个细胞的基因序列都包含了发育所需的全部信息，但组成成人身体的大多数细胞已经丧失了使用整个基因序列的能力。在特定的器官中，细胞能够适应特定的功能，但这种过程通常是不可逆的，也就是说细胞不能退回到未发育之前的状态。

当特定的细胞在血管、心脏、皮肤或一个人的神经系统中发挥某种功能时，它不能"改变主意"而发挥不同的作用。科学家还没有弄清楚细胞在适应特定功能时究竟发生了什么，但有一点已经被证实——细胞的一部分基因序列被永久关闭了。

所有细胞之母

然而，并不是所有人体细胞的功能都受到这种单向限制。人体中有一种特殊的细胞被称为干细胞。这种细胞的主要特征是保留了发育成更特化细胞的能力。例如，骨髓中含有一种特殊的干细胞，这种干细胞能够产生红细胞，将氧气输送到全身。在各个器官中都发现了能够产生特定细胞的类似的干细胞。

非常年轻的干细胞具有发育成人体几百种细胞类型中的任何一种的能力。这种年轻的干细胞只存在于卵子刚刚受精后几天的时间里，由大约10个细胞组成的人类胚胎中。这些细胞被称为胚胎干细胞，只有它们具有在不同环境下发育成任何类型细胞的罕见特性。

永生干细胞系

胚胎干细胞的另一个重要特征是它们可以用来创造细胞系。只要正确培养，它们就可以无限繁殖，不会像已经分化成皮肤或骨髓的细胞那样在分裂10次后就要死亡。1998年，第一批人工培养的人类胚胎干细胞在美国诞生。

今天世界上已经有成百上千组人工培养的人类胚胎干细胞。在美国，国会法案专门批准公共研究基金用于这个至关重要的科学领域。

胃上的洞

1822年6月6日，加拿大和美国边境附近的麦基诺岛发生了一起狩猎事故。美国皮草贸易公司的交易站里有一支火枪意外走火，一个名叫亚历克西斯·圣马丁的年轻员工被近距离击中胸部。在场所有人都认为他没救了。

化险为夷的意外

幸运的是，在附近工作的军医威廉·博蒙特听到了枪声，赶忙跑了过来。圣马丁中枪几分钟后就得到了博蒙特的急救，他对伤口进行了清洗并迅速止血，但他也不看好圣马丁的命运，这个年轻人的伤势太严重了。圣马丁胸部左侧的伤口有一个网球那么大，肋骨骨折，肺部和腹部受伤严重，子弹打碎大片肌肉和皮肤。博蒙特估计圣马丁活不过36小时，幸运的是他估计错了。

意外事故发生后的头几天，圣马丁的命运似乎已经注定了，没人觉得他能挺过来。枪伤导致他的胃部出现了一个洞，他摄入的所有食物都会从这个洞里渗出来。先后做了几次手术，在医院待了整整 17 天之后，圣马丁的状况终于有所好转，能勉强正常进食和消化了。一个月后，他的伤势基本稳定下来了，但博蒙特医生仍然需要对他进行仔细的护理，并定期清洗他的伤口。

永久性胃瘘

如果圣马丁没有因为这次意外变成医学史上最著名的"小白鼠"，那么这个故事本身也就没什么特别的。他胸部的伤口最终愈合了，但完全不是正常的方式。这次意外导致他的组织重新长好之后却在他的胃上留下了一个开放性的洞，也就是说从外面可以直接看见他的胃的内部。这种"胃上的洞"被称为"永久性胃瘘"，圣马丁也因此变得非常出名。现在，科学家会通过手术在实验动物身上形成类似的胃瘘，以满足研究消化作用的需要。

经过 10 个月的治疗，医院院长决定让圣马丁出院回家，因为继续住院也没什么可以做的了。但是他的家远在 2000 多千米之外，对于这么虚弱的病人来说，如此长距离的旅行太困难了。于是博蒙特邀请圣马丁暂时住在自己家里，最终圣马丁完全康复了。1824年4月，也就是意外发生后不到两年，博蒙特雇他做管家，负责劈柴和其他一些杂活。

即使在完全康复之后，圣马丁仍然需要特别注意他胃上的洞，用纱布蒙着再用绷带缠好，并及时更换纱布和绷带，以防止吃进去的东西从洞里流出来。博蒙特一直没有用手术闭合圣马丁胃上的洞，原因不得而知，或许他认为无法完成这样的手术。但他很快发现圣马丁的这个胃瘘是一个很好的医学实验机会，可以实时观察人的胃里发生了什么。在接下来的几年里，圣马丁的胃瘘帮助博蒙特解决了许多关于消化作用的未解之谜。

消化的工作机制

博蒙特研究圣马丁胃的方法非常有条理。他通过瘘管向圣马丁的胃里注入各种不同的食物，包括肉类、水果和蔬菜，并监测胃的活动。为了让圣马丁忍受这些令人不愉快的实验，博蒙特额外支付了一些报酬。可怜的圣马丁经常因为胃里充满奇怪的混合食物而消化不良。很快，他就难以忍受，就算能得到一些经济奖励，他也不打算继续配合实验了。

圣马丁受够了这种以科学为名义的肉体痛苦，于是不辞而别，逃到了加拿大，在那里结了婚，生了六个孩子。但是博蒙特不想放弃，找了圣马丁好几年，最后通过圣马丁之前工作的皮草贸易公司找到了他，并成功说服他和家人搬回来，以便继续进行实验。通过一系列新的实验，博蒙特收集到的信息足以写一本关于人类消化功能的专著。这本书于1833年出版，书名为《胃液和消化生理学的实验与观察》。这项研究为博蒙特赢得了世界范围内的声誉，使他在医学史上享有盛名。

在这本书中，博蒙特描述了他通过圣马丁的胃瘘进行的200多个实验。他无可辩驳地证明消化是一个化学过程，结束了一场可以追溯到医学起源时代的漫长争论。他在书中发表的营养表在近一个世纪的时间里都是健康饮食的重要参考。除此之外，他的实验还证明了肉类比蔬菜消化得更快，这引起了一群早期素食主义支持者的嘲笑。为了反驳博蒙特的说法，这些人甚至试图说服圣马丁配合他们来"科学地"测试素食原则，但圣马丁无论如何也不愿意再配合这样的实验。

科学研究的伦理

1834年，博蒙特申请国家基金进行进一步的研究，关于人体活体实验伦理问题的争论也正式拉开了帷幕。1840年，这位著名的医生卷入了一场谋杀案，从当时的情形来看，围绕博蒙特的研究方法的争议当时已经蔓延开来。博蒙特在圣路易斯工作时接诊了一位病人，这位病人是当地一家报社的编辑，他被一个不喜欢他社论专栏的政治人物用铁棒击中了头部。

博蒙特试图挽救这位编辑的生命，在他的头骨上钻了一个小洞，以降低由于外伤导致的过高颅压，然而不幸的是这位编辑还是死了。博蒙特的手术后来在法庭上引起了争议，行凶者的律师当时试图将这位编辑的死归咎于博蒙特不正确的治疗，而不是被铁棒击打。律师辩称，博蒙特是出于纯粹的科学好奇心才去探索圣马丁胃部的那个洞的，而现在他同样是出于纯粹的科学好奇心在病人的头骨上钻孔来观察他的大脑内部，这并不是正确的救治手段。法庭的宣判证明这是一种成功的辩护策略，最后的结果是行凶者赔偿 500 美元，与编辑的家属达成了和解。

成为著名人物的圣马丁于 1880 年 6 月 24 日在魁北克去世，享年 86 岁。圣马丁死后，他的亲属拒绝了对这位著名病人尸体进行尸检的所有要求。他被埋在一个特别深的墓穴里，并用一大堆石头覆盖着，这是为了保护他的遗体免受仍然对他的胃瘘好奇的研究人员的骚扰。

感谢你没有遵照我们的建议

1941年春天，年轻的波希米亚诗人露西·拉姆贝格和她年幼的儿子马里奥·卡佩奇隐居在意大利博尔扎诺北部阿尔卑斯山深处的蒂罗尔。有一天突然响起了敲门声，原来是一群士兵来到了小屋门口。尽管士兵们说的是德语，但男孩卡佩奇很清楚，他们是党卫军成员，来这里是要带走他的妈妈，他可能再也见不到妈妈了。因为拉姆贝格是一位反法西斯激进主义者，因此被党卫军逮捕，作为政治犯被送往集中营，很可能是达豪集中营。

从天堂到地狱

1937年10月，卡佩奇出生在意大利维罗纳，母亲露西·拉姆贝格和意大利空军军官卢西亚诺·卡佩奇坠入爱河后生下了他，但他们没有结婚。卡佩奇一直和母亲生活在一起。

拉姆贝格的父亲是一位著名的考古学家，母亲是一位画家，她和两个兄弟在佛罗伦萨长大。拉姆贝格家庭条件优渥，一家人住在一幢别墅里，有一个宽敞的花园和一群仆人，孩子们由私人教师教育。拉姆贝格精通至少六种语言。她的兄弟们长大后都成了科学家，而她却像她的母亲一样，对艺术产生了热情。在法西斯主义和纳粹主义兴起之前，拉姆贝格在巴黎索邦大学任职，在那里教授语言和文学。

拉姆贝格遇到了意大利军官卢西亚诺·卡佩奇，在热恋中怀孕了，但她很快意识到自己和卡佩奇的婚姻不会幸福，所以拒绝了他的求婚，带着儿子搬到了蒂罗尔。他们在那里隐居了几年之后，党卫军找到了她。

母亲被捕后，3岁半的卡佩奇被独自留在了附近的农场，由相熟的农户照顾。拉姆贝格觉得自己迟早会被捕，于是她提前变卖了所有的财产，把钱给了附近的一户农民，并请求他们如果自己被捕，一定要尽力照顾好她年幼的儿子。

接下来的一年里，卡佩奇像孤儿一样寄居在这个农民家庭，他记得在那里度过了一段非常简朴的生活。这家人大部分时间都在地里干活，辛苦度日。他们自己磨面粉，用自己的葡萄酿酒。那是在第二次世界大战期间，盟军已经在意大利南部登陆，并向北挺进，美国和英国的飞机会定期从农场上空飞过。有一次，也不知道是什么原因，飞机突然开始向正在地里干活的农民射击。卡佩奇的腿部中弹了，但幸运的是只受了一点轻伤，很快就痊愈了。

一个无家可归的5岁男孩

在农场待了一年后，这家人突然不欢迎卡佩奇了，决定不再收留这个小男孩。不清楚是他的父亲来找他还是他母亲留下的钱已经花光了，总之卡佩奇被赶出家门，流落街头，自生自灭。这时候的卡佩奇还不到5岁，接下来的几年里，他不得不在意大利北部城市的街道上游荡，和其他无家可归的孩子一起玩耍，加入街头帮派，最后进了条件简陋的孤儿院。卡佩奇记得自己曾和父亲在一起待了几周，结果发现父亲非常暴力，他很快意识到最好还是自己照顾自己，而不是忍受父亲的虐待，所以又回到街头流浪。他的父亲后来死于一次空袭。

卡佩奇在艰难、残酷和缺乏食物的情况下，终于在战争中幸存下来。他记得自己经常挨饿，并目睹了许多可怕的事情，这些事情在后来的岁月里一直在他的噩梦中挥之不去。当他8岁的时候，他在意大利北部城镇雷焦艾米利亚的一家儿童医院里待了整整一年，他后来回忆起自己的症状时才意识到，他当时很可能是得了伤寒。他记得儿童医院的条件只比街上好一点点，病床上连床单都没有，病人吃的是菊苣咖啡和陈面包皮。

所有孩子的基本症状都是一样的，营养不良，头晕发烧。他们早上醒来时可能会感觉稍微好一些，玛丽亚修女会给他们量体温，并告诉他们如果一天后不发烧的话就可以很快出院。但在白天，他们的体温会急剧升高，有的孩子甚至会出现神志不清的症状。这家医院与其说是一个医疗机构，不如说是一个避难所，只能勉强安身，在这里治愈疾病的机会非常渺茫。

所幸卡佩奇还是顽强地活了下来。在他9岁生日那天，一个女人走进医院大门，要求见他。她正是卡佩奇的母亲拉姆贝格。在集中营里被关押四年之后，她变了很多，连儿子卡佩奇都认不出她来了。原来自从1945年春德国解放以来，她一直在四处寻找卡佩奇，经过一年半的寻找，终于在这家医院找到了自己的儿子。

卡佩奇清晰地记得母亲给他带来了一套新衣服，然后他们一起去罗马办理一些关于他们档案的法律手续。在罗马，卡佩奇六年来第一次洗澡。然后他们去了那不勒斯，从那里乘船去了美国，住在拉姆贝格的弟弟也就是卡佩奇的舅舅那里，正是他寄钱来让母子二人买船票前往美国。

机遇之地

卡佩奇从来没有从母亲那里了解到任何关于她在集中营的事情，尽管他经常试图让她谈论这件事。拉姆贝格活到了80多岁，但她从来没有从战争的恐怖和伤痛中完全恢复过来。卡佩奇的舅舅和舅妈带卡佩奇去看了许多心理学家和精神病医生，试图帮助他摆脱噩梦，但最让他受益的是他在美国的成长环境所充满的爱和温暖。

卡佩奇的舅舅爱德华·拉姆伯格是一位著名的物理学家，很可能就是他带领卡佩奇走进了科学的世界。20年后，卡佩奇成为哈佛大学的博士生，在DNA分子结构的共同发现者詹姆斯·沃森的实验室里工作。沃森的指导和他的研究方法对卡佩奇后来的科学生涯产生了重要影响。除此之外，沃森还向他的学生灌输一个信条，那就是不要在无关紧要的问题上浪费时间，因为无关紧要的问题只会产生无关紧要的答案。

哈佛大学是世界上最负盛名的大学之一，尽管卡佩奇有机会在这里从事科研工作，但他却决定离开波士顿，搬到犹他州。主要原因还是卡佩奇被哈佛大学过度竞争的环境所困扰，在这样的环境中，每个人都在竭尽全力用新的科研成果、论文和著作来证明自己。他想研究更根本的问题，因此他需要更多的时间和宁静的环境，犹他大学的聘书来得正是时候。

风险会带来回报

1980年，卡佩奇向美国国家卫生研究所申请项目拨款，该研究所负责将联邦政府基金提供给各种医学研究项目。他申请了三个不同的项目：其中两个项目具有坚实的科学基础，也有明确的时间表，可以不断提供成果，属于进展可预测、结果有保证的优质项目；但第三个项目具有很强的推测性，目标是对小鼠的单个基因进行可控改变，这在20世纪80年代初似乎完全就是科幻小说中的情节，因此这个项目属于高风险项目。

审核小组建议卡佩奇专注于前两个项目，放弃第三个项目，他们认为对基因进行可控改变是一个"不可能完成的任务"。经过反复交涉，卡佩奇最终还是得到了他申请的资金，但有一个条件，那就是他必须优先考虑那些结果有保证的项目。

拿到资金的卡佩奇并没有理会审核小组的建议，他决定把所有的钱和精力都投入到改变小鼠的基因上。他实际上是在有意识地拿自己的科研事业冒险，因为他知道，一旦这个项目失败，未来恐怕就很难再获得任何资助了。

卡佩奇的坚持得到了回报。2007年，卡佩奇、马丁·埃文斯和奥利弗·史密斯因为在小鼠基因方面的研究获得了诺贝尔生理学或医学奖。曾要求卡佩奇放弃这个项目的美国国家卫生研究所审核人员对此既高兴又感慨，他们对卡佩奇说："感谢你没有遵照我们的建议。"如今，世界各地的实验室有数百万只这种基因被改造过的小鼠用于科研。事实证明，对于许多新的基因发现和寻找一些可怕疾病的新疗法来说，这些小鼠至关重要。

获得诺贝尔奖的冲浪爱好者

　　"那天门多西诺县的太阳很刺眼，5 月的天气已经非常热了。一股干燥的热风从东边吹来，人们都觉得酷热难耐，直到日落时分热风停下来的时候，才稍微凉快一点。我从伯克利开车经过克洛弗代尔前往加州安德森谷。我驾驶着银色本田小汽车穿过群山，一路上我的手握着方向盘，眼睛看着山路，但思绪却回到了实验室。今晚我要做实验，关于从公司里拿到的酶和其他化学物质的实验。我穿着一双合脚的鞋子驾驶着这辆加满油的新车。我亲爱的女友靠在副驾驶座上睡着了。我的脑海里一直浮现着一个悬而未决的大问题，令我兴奋不已。

　　"就在我一边开车一边思考时，灵感在我脑海里突然一闪而过，我吁了一口气自言自语道：'老天爷啊！'我立刻松了油门，汽车减速驶下了一个下坡的弯道。路旁有一棵巨大的七叶树伸出茂密的枝叶，树枝扫过了副驾驶座旁边的车窗，我的女友兼同事詹妮弗动了一下，似乎被吵醒了。我轻声告诉她我刚刚想到了一件不可思议的事情，她打了个哈欠，然后又靠在窗户上睡着了。我从驾驶室储物箱里找到了一个信封和一支铅笔，迅速记下了刚才在我脑海里闪现的灵感。这是在 128 号高速公路 46.58 英里标志牌处，我刚刚解决了 DNA 化学的两个重大问题，我想我就要出名了。"

这是生物化学家凯利·穆利斯在他的 1998 年出版的自传《心灵裸舞》中描述的一个难忘时刻。那是在 1983 年，他的脑海中浮现出一个可能是他一生中最重要的想法。他很快就根据这个想法发明了一种在活体细胞环境之外用试管人工复制 DNA 分子的方法。十年之后，也就是 1993 年，他因为发明高效复制 DNA 分子的方法获得了诺贝尔奖。这种方法被正式命名为聚合酶链式反应（PCR），在任何一个生化实验室设施中，都可以看到操作聚合酶链式反应的装置。可以说没有这些装置，生物化学就不会迎来一个硕果累累的快速发展期，我们也不会进入全新的"生物技术时代"。

没有人相信我

当然，真实的故事不一定是幸福的故事，穆利斯的经历也是一样。当穆利斯的脑海中浮现出这个想法时，他觉得自己设计的方法实在是太简单了，因此他以为之前一定有人想到过同样的事情，只是因为已经被证明没有用，所以没有发表，以至于从来没有人听说过。当穆利斯和詹妮弗到达安德森谷时，他打开了一瓶葡萄酒，一边品尝红酒一边仔细思考这个想法可能存在的错误，但过了许久也没有确切的答案。虽然穆利斯和詹妮弗来这里是享受周末，但他的心思已经不在这里了，他迫不及待地等着星期一的到来。星期一上午，他立刻前往图书馆，仔细查阅学术期刊，看看到底有没有人在他之前就有了这个想法。

到周一中午时，事情已经很清楚了，各种文献中都没有关于这个主题的文章。然而，穆利斯的同事们似乎对他这个想法不太感兴趣。穆利斯认为，这是因为他几乎每周都会产生类似的疯狂想法，而公司里的所有人都已经听腻了。不过他十分肯定这一次绝不是像以前一样到了下周就会被抛在脑后的昙花一现的奇怪念头。在最初的几个月里，唯一信任他的是一位开生物技术公司的好朋友，也是一位生物化学家；但即使是这位朋友，也只是出于机会主义而支持穆利斯，因为如果他的想法真能奏效，那就意味着能获得非常可观的商业价值。

这位朋友建议穆利斯辞职，因为公司里没有人相信他的理论。他告诉穆利斯，应该实践这个想法，申请专利，然后发家致富。当然，这两位当时正忙于权衡未来利弊的生物化学家都没有想到，仅仅几年之后，穆利斯之前所在的公司就以3亿美元的价格从霍夫曼·罗氏公司手中购买了穆利斯发明的PCR技术。

如何复制分子

PCR技术的主要原理可以用一个类比来描述。双链DNA分子的基因转录在某种程度上类似于复制书本上印刷的文字。当书合上时，书上的内容就不可能被阅读、抄写或复印，双链DNA分子也是如此。只要分子仍然是双链DNA形式，它存储的信息就不能被复制或以任何其他方式使用。只有当它打开，两条链彼此分离时，它记录的信息才变得可读，就像书本打开时才能看到上面的文字一样。正如穆利斯认为他的方法过于简单一样，活体细胞环境之外的双链DNA分子只要处于95摄氏度以上就能实现"打开"的状态。

只要我们对将要被转录信息的起点和终点有足够的了解，PCR技术就能帮助我们复制特定的DNA片段。用之前的比喻来说，这就像只要我们知道书上的任意两个句子，我们就能复制这两个句子之间的全部内容。这两个句子之间的段落或许多达好几百页，但只要打开书，快速浏览并找到相应的两个句子，我们就能识别、阅读或复制我们要找的段落，而不用管这中间具体是什么。

在DNA分子的世界中，我们可以将人工合成的单链DNA分子组成的两组短片段作为这两个句子，这些短片段会通过技术手段粘接在经加热处理打开的双链DNA分子的指定位置上。当温度降低时，这两组短片段就会附着在分子上，而分子会产生相应的酶来填补它们之间的空间。这样就确定了双链DNA分子中需要复制的基因信息，植入的两组人工短片段就是这些信息首端和末端的标志。

这个步骤的一个关键点是它可以引发一种连锁反应，这意味着相同的过程会连续重复好几次。每重复一次，复制的数量就会翻倍，从理论上来说，一个DNA分子只要重复20次这样的过程就会复制出100万个相同的副本。

他们会再打电话来吗

1993年10月13日的早上6点15分，穆利斯被一个电话吵醒。根据他的经验，他以为这又是某个不注意时差的日本人在给他发传真。他没有起床，而是等着传真机接电话。但这个电话并不是传真，而是转到了语音信箱，然后穆利斯迷迷糊糊听到"诺贝尔基金会"这几个字，于是立刻从睡梦中惊醒。他从床上跳起来拿起电话，但打电话的人恰好就在这时挂断了。后来他这样回忆起那天早晨发生的事情：

"太棒了！我想我错过了诺贝尔奖的电话。他们会再打电话来吗？就在我放下电话时，电话几乎立刻又响了，应该是刚才那个人在重拨。他说：'祝贺您，穆利斯博士！我很高兴地向您宣布，您被授予诺贝尔奖。'我立刻回答道：'我接受！'我知道评委会不能强迫别人接受这个奖，我不想让他们对我是否愿意领奖有任何疑问。说实话，我高兴坏了。"

打来电话的人提醒穆利斯，估计会有大量记者很快就会打来电话，但穆利斯没料到记者们的热情有多大。当他挂掉电话时，他就想给母亲打电话，请母亲到南卡罗来纳来，因为今天正好是母亲的生日，他知道这个消息一定会让母亲开心一整天。但他刚拿起话筒，就接到了一个记者的电话，根本来不及给母亲打电话。和这个记者聊了几秒钟后，他放下电话准备打给母亲，这时候电话又响了，是另一个记者打来的，告诉他马上要带一个电视摄制组过来采访。

冲浪爱好者获得了诺贝尔奖

就在穆利斯应接不暇地接电话时，一个邻居来到他家门口邀请他去冲浪。穆利斯一直是个冲浪爱好者。穆利斯告诉他，他刚刚得知自己获得了诺贝尔奖。邻居却笑着说："我知道。我刚刚从收音机里听到了。我们去冲浪吧。"其他几个朋友也加入了他们。当他们在加利福尼亚海岸开心地冲完浪上岸时，一个摄制组已经在海滩上等候多时了。记者和摄影师们当然都没有见过穆利斯，因此他们采访了一位和穆利斯一起冲浪的朋友，问他获得诺贝尔奖的感觉如何。那天的头条新闻是"冲浪爱好者获得了诺贝尔奖"。

那天下午，穆利斯终于得空和母亲通了电话。既然自己已经获得了诺贝尔奖，他觉得母亲应该不会再像以前那样定期给他寄来有关DNA化学进展的剪报，而且应该相信他的专业知识已经超出了这些科普文章的水平。他开玩笑说，他的母亲可能会有另一个愿望，那就是他因为获得诺贝尔奖而出现在《读者文摘》上。

穆利斯在瑞典领奖时发表的获奖感言中并没有描述PCR技术本身，而是谈到了他想到这种方法时的感受。除此之外，他还提到科学对他来说就是玩得开心，PCR实际上是他小时候所做的事情的延续。他的本意并不是要彻底改变生物化学；他认为他的发明只是一种工具，一种帮助他进行其他实验的工具。他承认自己一直都很天真，但正是这种天真帮助他取得了这项成就，因为如果他总是意识到自己在做什么，那他很可能永远也不会发明PCR技术。

促红细胞生成素——2550升尿液的故事

尤金·戈德瓦瑟是芝加哥大学的一名退休教授，知道他的人可能不多，不过这并不奇怪，因为他既非诺贝尔奖得主，也不是他所在科学领域的杰出人物。然而，如果说他就是那位花了几十年的科研生涯来寻找促红细胞生成素的伟大科学家，我们应该就会比较熟悉了。促红细胞生成素是一种在生物体中促进红细胞形成的激素，简单来说，这种激素可以使生物体的细胞获得更多的氧气供应。供氧更多对运动员来说意味着耐力的提高，所以这种激素在体育界成了一种流行的禁用兴奋剂，自行车世界冠军兰斯·阿姆斯特朗就因为服用促红细胞生成素遇到了麻烦。

寻找治疗辐射病的方法

2004年，默里奥·古茨纳写的《8亿美元一个药片——

新药成本的幕后真相》这本书在全世界引起了轰动，书中关于尤金·戈德瓦瑟①的故事从几个角度来看都很有趣，这也大大提高了戈德瓦瑟的知名度。

一方面，书中讲述了一位典型的科学家的故事。戈德瓦瑟孜孜不倦地沉浸在自己的科研工作中，即使经历了几十年的失败，甚至陷入死局依旧坚持不懈，直到多年的艰苦努力终于使他获得了一项非常重要的科学发现。20世纪70年代末，在经过数十年的羊血实验，收集2550升人类尿液并制成尿素粉之后，终于成功提取了8毫克纯天然人体促红细胞生成素。

另一方面，这本书还讲述了生物技术革命如何在药物生产领域带来了第一个重大的商业突破。今天，制药公司大量生产人工合成的促红细胞生成素并以高价出售。美国安进生物技术公司是促红细胞生成素的主要生产商之一，这个公司每年数十亿美元的利润中有一半以上来自促红细胞生成素。

然而不幸的是，尽管戈德瓦瑟坚持工作了20多年，在将促红细胞生成素从人体中分离出来的过程中做出了最大的贡献，但他却从未在那些建立在他研究成果之上的庞大利润中

---

① 中文版译作"金瓦萨"。

获得自己应得的一份。因为他当时没有为自己的发现取得专利权（他曾写信给一些美国金融界要人，请他们关注他的专利，但都石沉大海），安进公司出于慷慨每年给他在芝加哥大学实验室的银行账户存入3万美元，他也只能满足于此。

促红细胞生成素的发现和20世纪许多其他科学故事一样，也发生在冷战时期，那是一个科学研究极为繁荣的时代。第二次世界大战结束后不久，年轻的戈德瓦瑟被邀请加入一个受国家委托的科研小组，目的是寻找减轻核战争后果的办法。美国政府非常想找到一种解毒剂来治疗核辐射对人体的致命影响。早在20世纪初，科学家就已经意识到血液里一定含有某种特殊的分子，这种分子会指示骨髓产生将氧气输送到身体各处的红细胞。科学家们将这种分子命名为"促红细胞生成素"，但当时他们对这种分子本身一无所知。

大海捞针

1955年，戈德瓦瑟接受了一项研究任务：找到促红细胞生成素分子，并设法大量生产促红细胞生成素以用于治疗辐射病。这项任务持续了20多年，比预期的要长得多。然而，如果我们仔细了解戈德瓦瑟和同事们的工作难度有多大，就会明白20多年的时间并不算长。一个健康的人每秒钟会产生

200万到300万个红细胞，然而一个人一生可以产生的促红细胞生成素加起来还不够做成一粒很小的药丸。因此寻找科学家们几乎一无所知的这种分子绝非易事，好比大海捞针。

在最初几年的研究中，戈德瓦瑟想要找出促红细胞生成素是由哪个部位或器官产生的。他和助手们仔细地从实验的老鼠身上取出各个器官，最终确认产生促红细胞生成素的主要是肾脏。在接下来的阶段，他们给绵羊注射了一种会破坏体内所有红细胞的化学物质。他们认为红细胞被破坏会导致大量促红细胞生成素的产生，而新产生的促红细胞生成素在这些绵羊的血清内可以检测到。之后他们再把血清注射到贫血的绵羊体内，观察它们血液中红细胞数量的增加情况。然而不幸的是，尽管实验已经进行了十几年，却没有获得什么

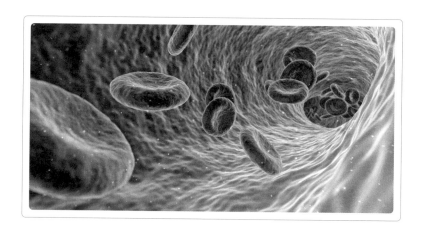

成果。很明显，戈德瓦瑟的团队陷入了死局，正在他们濒临绝望之际，事情却又峰回路转，另一个研究小组公布了他们的发现：过量的促红细胞生成素不在血液里，而在尿液里。经过 15 年的艰苦工作，到头来却发现自己一开始就走错了路，这当然非常令人沮丧。但不管怎样，戈德瓦瑟的团队总算有了一个正确的新目标。

来自远东的好运

不幸中的万幸，一位日本科学家帮助戈德瓦瑟收集了大量贫血患者的尿样，据推测，这些贫血患者因为疾病会产生过量的促红细胞生成素。在短短几年的时间里，他收集了 2550 升尿液并将其制成了尿素粉。1975 年，两位科学家第一次在芝加哥一家酒店的大堂见面时，这位日本科学家郑重地向戈德瓦瑟鞠了一躬，并交给他一个用日本丝绸捆扎好的大包裹。包装得整整齐齐的盒子里是大量脱水的尿素粉，对两位科学家而言，这就是无价之宝。经过复杂的提纯过程，戈德瓦瑟和同事们成功地从这些尿素粉中分离出了 8 毫克纯天然人类促红细胞生成素。戈德瓦瑟和他的团队欣喜若狂。1977 年 8 月，他们在科学文献上公布了他们的发现。

下金蛋的鹅

故事并没有就此结束。要将促红细胞生成素当作一种药物使用，就必须找到一种在人体外大量生产的办法。戈德瓦瑟认为自己的发现极具潜力，对促红细胞生成素的前景信心十足，但起初谁也没把他当回事。幸运的是，他的研究恰逢生物技术革命的开始。正是在那个时候，药剂师开始通过细菌培养生产人工合成胰岛素来治疗糖尿病，一些更有远见的企业家逐渐认识到，投资生物技术将为他们带来丰厚的利润。事实上，他们之中的一些人今天正享受着这种先见之明带来的巨额利润。

经历了从科学领域到法律领域的重重困难之后，促红细胞生成素终于成为生物技术革命在商业应用上的第一个重大突破，也成了一只每天下金蛋的鹅。不幸的是，巨额的金钱并不是总能推动科学发现迈向新的高峰，更多的时候是刺激人们挖空心思追求更大的利润。20世纪90年代，通过促红细胞生成素取得巨大的商业成功之后，据说安井公司很快从一个强大的科技集团变成了一家杰出的法律事务所，医学研究部门反而退居幕后。

尼安德特人的基因组计划

1856年8月，一群工人在德国杜塞尔多夫附近清理一处洞穴。这个洞穴是尼安德特河谷众多洞穴中的一个，这个河谷是以当地诗人约阿希姆·尼安德特的名字命名的。当他们把大块的黏土从石灰岩洞穴里搬出来时，无意中发现了几块骨头和一个头骨的残骸。工人们一开始认为这些骨头就是当地很常见的洞熊的遗骸，但后来还是决定带着它们让当地的教师卡尔·富尔罗特看一看。富尔罗特很快意识到这不是熊的骨头，而是人骨化石。

因为这些骨头具有一些不寻常的特征，所以富尔罗特去向波恩大学的D.沙夫豪森教授请教。沙夫豪森教授认为这些骨头极不寻常，甚至与"最原始的人类"都不一样。没有人知道这些遗骸到底属于谁，因此学术界很自然地产生了一些假设性的解释。一些人确信这些骨头属于一个病态的、畸形的现代人，甚至可能是一个曾与拿破仑作战并死于尼安德特河谷的士兵。另一些人则认为这些骨头来自更古老的史前时代，当时的人类还住在洞穴里。

科学家们花了相当长的时间才结束了这场争论，最后一致认为这些骨头属于一个与现代人类也就是智人有着密切关系的类人物种，这个物种直到约2.8万年前还一直生活在欧洲。这个物种最终被命名为尼安德特人，以它的发现地点命名，不过后来在欧洲许多其他地方也发现了尼安德特人的遗骸。我们今天已经知道，智人和尼安德特人曾共同生活过一段时间，根据最新的基因研究，尼安德特人和智人的基因有混合现象，这对智人非常有用，正是尼安德特人的一些基因帮助智人更快地适应了陌生环境。

已经灭绝的人类祖先的基因组

如果我们比较现今两个没有血缘关系的人的整个遗传密码，就会发现他们各自遗传密码中的"字母"大约每3000对里面就有一对不一样。遗传密码有一个术语名称就是基因组，智人的基因组包含32亿对这样的基因字母，两个不相关个体之间不同的基因字母大约是300万对。作为比较，智人和黑猩猩的基因字母中大约每100对里面就有一对不一样。

生物的基因组突变与时间这个因素存在一定的比例关系，这意味着我们可以从两个生物的基因组变化来估计它们在什么时候拥有同一个祖先。所有智人在大约50万年前拥有同一个祖先，而智人在500万年前和黑猩猩拥有同一个祖先。如果两个生物的基因组的差异是人类和黑猩猩的基因组差异的十倍，那它们拥有同一个祖先的时间也要相应地往前再推十倍。

观察今天生活在世界不同地方的人之间的差异非常有趣。尽管非洲大陆的人口只占世界人口的一小部分，但人类最大的遗传变异却是在非洲各民族之间发现的。这些遗传变异中有一部分为非洲原住民所特有，在世界上其他地方都找不到，这说明世界上其他地方的人在基因差异性方面要低于古代非洲原始种族的后裔，例如非洲中部的俾格米人和非洲南部的布须曼人。研究人员对这一现象做出了解释，他们认为生活在非洲的原始种族也就是最早的智人中有一部分从非洲迁移到了其他大陆，这些智人就是现代人类的共同祖先，而非洲现存的原住民仍然保持着最丰富的基因多样化。根据这个说法，今天所有非洲之外的人类都是大约在6.5万年前离开非洲的原始种族的后代。简而言之，我们都来自非洲。

瑞典遗传学家斯万特·帕博长期以来一直致力于分析研

究已灭绝的类人物种基因组，例如尼安德特人。他已经可以从保存下来的骨头化石中分离出足够多的遗传物质来重建尼安德特人一半以上的基因组。大部分含有足够多DNA的化石是在克罗地亚靠近斯洛文尼亚边境的文迪亚洞穴中找到的。

尼安德特人从未在非洲生活过，根据帕博的基因分析结果，欧洲人在基因上比非洲现存的原住民更接近尼安德特人。这显然可以证明，我们在约6.5万年前从非洲迁徙到欧洲的远古祖先与尼安德特人相遇了，并通过交配交换了基因。这种基因转移肯定发生在我们的祖先离开非洲进入欧洲之后不久，因为后来从欧洲又迁徙到其他大陆的智人已经携带了尼安德特人的基因。

一个西伯利亚女孩的小指骨

2008年，俄罗斯考古学家在南西伯利亚一个名为丹尼索瓦的洞穴中发现了一小块骨头，这个洞穴是以18世纪隐居在那里的一位隐士的名字命名的。这块骨头来自一个年龄在5岁到7岁之间的人类儿童的小手指，年代测定的结果显示是4万多年前。研究人员从这块很小的骨头中成功分离出了大量遗传物质，之后的分析结果在科学界引起了一场轩然大波。他们发现，这块骨头的遗传密码与智人和尼安德特人都有很大的差异。

分析结果显示，这块小指骨所属的人种在64万年前和尼安德特人有着共同的祖先，在80万年前与智人有着共同的祖先。和尼安德特人一样，这个物种也以发现地点命名为丹尼索瓦人。进一步的研究表明，智人还与其他新发现的物种交换过基因，但这个证据只存在于印度尼西亚和巴布亚新几内亚的原住民中间。

这些类人物种能提供的遗传物质极为稀少，他们迄今为止仍属于未知的物种，科学家们在得出任何正式结论之前都倾向于保持谨慎态度，但关于他们数万年前在欧洲和亚洲发生的事情正在慢慢浮出水面。如果目前的研究没有问题，那么真相就是大约5万年前，尼安德特人生活在欧洲，丹尼索瓦人则在东亚漫游。

当智人走出非洲时，其中一些与中东的尼安德特人杂交，并在欧洲定居；而另一些则继续前往亚洲，与丹尼索瓦人杂交，有的在亚洲定居，有的进一步迁徙到其他大陆。

根据最近发表的关于当今世界各地人类遗传物质的研究结果，以及对灭绝的类人物种基因组的重建，现代人类曾在远古时期与其他类人物种之间发生过多次基因交换已经被证明是事实，甚至那些从未离开过非洲的智人和曾经生活在非洲的类人物种也发生过基因交换。

　　与尼安德特人、丹尼索瓦人以及其他尚未被发现的类人物种交换基因显然对我们的祖先大有裨益，益处包括增强了他们对一些典型的欧洲和亚洲疾病的抵抗力。尼安德特人和丹尼索瓦人这两个已经灭绝的人类分支在和走出非洲的智人第一次相遇之前，就在他们的家园生活了很长时间，因此对当地的许多病毒和疾病都产生了免疫力，而我们的祖先正是通过和他们交换基因才获得了这些免疫力。这就是为什么越来越多的证据表明，基因的混合能够帮助一些移民的混血后代在新的恶劣环境中生存下来。

基因编辑——未来的生物技术

　　《自然》和《科学》这两家最负盛名的科学杂志同时出于伦理考虑而拒绝一篇著名的研究论文，这种情况并不常见。2015年4月，一个中国科学家团队公开宣布，他们已经修改了人类胚胎。在得到中国国家科技伦理委员会的授权之后，这个团队设法修复了一个有缺陷的致病基因，这个致病基因可能会导致严重的遗传病——β-地中海贫血症。在研究中，科学家们修复了这个基因的缺陷，使其不再引发问题。

　　这项研究直接干扰了人类胚胎的遗传内容，在当时的科学界引发了激烈的争论。尽管经过修改的胚胎永远都不会发育成完全成熟的人类，但《自然》和《科学》杂志仍然认为干扰人类胚胎的遗传内容足以成为拒绝发表这篇文章的理由。中国科学家团队表示，他们应用于人类胚胎的新技术远未获得普遍成功，还没有准备好实际应用。被《自然》和《科学》

杂志拒绝之后，他们的研究结果随后在另一份高级学术期刊《蛋白质与细胞》上得以发表。

当时许多科学评论的态度是中国科学家团队的研究不应该使用人类胚胎作为试验对象。但无论如何，这个中国科学家团队的研究成果意义重大，被认为是近几十年来最重要的科学发现之一，可能会对所有生命科学产生重要影响。没过多久，他们的研究在学术和伦理方面都得到了承认。就在2015年当年，拒绝发表他们论文的《自然》杂志就将这个团队的领导人评为年度十大科学人物。2017年，美国科学家也首次发表了关于编辑人类胚胎基因的实验论文。

细菌如何对抗病毒

1987年，大阪大学的日本科学家发表了一篇重要的科学报告，描述了他们在实验中从一串大肠杆菌中观察到的不寻常现象。大肠杆菌的DNA链上有一个奇怪的部分，其中包括由29个核苷酸（DNA的基本组成部分）组成的相同序列的5个重复片段，这5个相同片段之间都插入了一个由32个核苷酸组成的不同部分，也就是说5个相同的DNA序列片段中间的4个间隔填充着4个不同的DNA序列片段。这个奇怪的部分可以表示为ABACADAEA，其中A代表重复的序列片段，而 B、C、D 和 E 是插在中间的不同片段。这是科学家第一次在细菌的 DNA 中观察到这样的东西。

科学家们认为这不仅仅是一种巧合，而是一种功能尚不明确的未知机制。后来，他们在其他细菌物种中也发现了相同的核苷酸序列，并将这种序列命名为 CRISPR，即"规律间隔成簇短回文重复序列"。

科学家们有理由相信，已经存在了数百万年的原核生物物种的 DNA 中这种不寻常的现象背后隐藏着重大的意义。2005 年，当科学家们对各种不同生物的 DNA 序列了解得越来越多时，一个研究小组进行了一项比较研究，试图找出日本科学家在 1987 年观察到的不寻常序列的性质。他们发现，CRISPR 序列中作为间隔的不同部分实际上就是病毒。

生物学家尤金·库宁随后提出，CRISPR 是细菌针对病毒形成的某种防御机制。据推测，细菌储存了病毒的部分DNA，这使得它们能够在病毒再次出现时快速识别病毒，就像是储存了一个入侵者的"身份证照片"。

当病毒附着在细胞上时，它会释放出自己的遗传物质，细胞反过来也会通过释放特殊的酶试图摧毁攻击者来保护自己。然而，这种防御并不是很有效，因为细胞通常会屈服于攻击者，很少能存活下来。一些被病毒攻击后得以幸存的细胞会释放出更多的酶，分解病毒的 DNA，并以 CRISPR 中不同部分的形式将其插入细胞原有的 DNA 链中。这样一来，当细胞下一次被同样的病毒攻击时，它会准备得更好。它会释放配备有攻击者身份照片的特种部队去执行摧毁攻击者的任务。

2012 年，生物化学家珍妮弗·道德纳受到启发，试图利用这种细菌对病毒的免疫防御系统作为"编辑"任何活体细胞基因的通用工具。她和同事们研发了一种基因剪切方法，可以像一把剪刀一样对活体细胞基因组进行特定的操作。

当时 CRISPR 已经被证实是细菌免疫系统的一种形式，细菌借用病毒 DNA 的一部分来帮助自己在之后受到同一种病毒攻击时迅速做出反应。一种 Cas 酶会协助 CRISPR 系统工作，这种酶可以切断双螺旋 DNA 链。科学家们在研究细菌的基因组时在 CRISPR 序列附近发现了一种特定的 Cas9 酶的基因转录。

细菌细胞的 CRISPR 工作机制是这样的：储存在 CRISPR 中间间隔区域的是病毒的一部分 DNA，这些序列包含了对之前攻击细胞的病毒的描述，就像是细胞保存的病毒照片。在这些照片的帮助下，Cas9 酶会转化为一种高效的工具，它根据细胞记录的病毒的 DNA 序列形成 RNA 分子，这些分子会嵌入到Cas9酶中。然后这些嵌入与病毒DNA序列相对应的RNA分子的Cas9酶会被释放到细胞中，并将自己附着在遇到的每一条DNA链上。如果Cas9酶嵌入的RNA序列与遇到的DNA链不匹配，那什么也不会发生，Cas9酶会继续寻找。但当它找到了符合的DNA链时，就会立刻将其撕成碎片并销毁。科学家们根据这个系统发明的基因编辑技术也被称为CRISPR-Cas9技术。

对付蚊子

道德纳试图用CRISPR-Cas9技术来解决可能会导致疾病的受损基因。因为这种技术不用病毒攻击细胞也能编辑同样性质的RNA转录本，从而使Cas9酶能够检测并摧毁导致疾病的受损基因。然后要做的事情就是将基因中有缺陷的部分替换成一个新的功能完整的部分，这也不是问题，负责修复受损DNA的酶可以完成这个任务。道德纳的方法已经成功地在患有血友病的小鼠身上进行了测试。2013年1月，科学家们宣布，他们可以使用这种方法在人类细胞中进行DNA剪切，并实现替换。

需要指出的是，CRISPR-Cas9技术可以用于任何生物，所有作为实验对象的物种都可以通过基因编辑来实现一些特定的目的，无论是细菌、植物、动物还是人类。目前在基因编辑实验中最成功的生物是小鼠、大鼠和果蝇。研究人员正在试图通过基因编辑来改善治疗癌症的方法。

更令人惊奇的是一些科幻电影中的场景或许在不久的将来就会变成现实。CRISPR-Cas9技术理论上可以使一些已经灭绝的物种复活。如果能准确定义灭绝物种的基因中不同于现存物种的部分，我们就可以用基因编辑的方法把现存物种的基因变成灭绝物种的基因，这样就能重新创造出已经灭绝的动物或植物。基因编辑在消灭害虫领域也很有前景，例如消灭传播疟疾的蚊子。已经有科学家以雄蚊生育能力的相关基因为目标对一些蚊子进行了基因编辑，然后将它们释放，与它们交配的雌蚊将无法产卵。

CRISPR-Cas9技术是一种准确、简单的修改细胞基因信息的技术，更重要的是成本较低，因此这项技术预计会在未来迅速发展，应用于越来越广泛的领域。2014年11月，珍妮弗·道德纳和她的同事埃玛纽埃勒·沙尔庞捷获得了"生命科学突破奖"，这是由脸书（Facebook）创始人马克·扎克伯格和其他几位互联网亿万富翁赞助的一个奖项，奖金高达数百万美元。

道德纳在领奖时强调，这一发现并不是他们团队最初的研究目标，而是在试图更好地了解细菌作用时取得的，事实上，他们一开始从未打算开发一种新的基因编辑技术。这就是为什么那些旨在解释特定过程，而不仅仅是寻找实际应用的科学研究才是推进科技发展的主要动力的原因，对真正的基础科研工作的支持至关重要。

与疾病缠斗

黑死病：人类的大灾难

从1347年到1351年，就在这短短一千多天之内，一种神秘的疾病夺走了近一半欧洲人的性命。这是有史以来降临到人类头上最大的自然灾害。就遇难者人数和对世界的全面破坏而言，恐怕只有第二次世界大战可以和这场中世纪的黑死病大流行相提并论。这种由海员带到欧洲的神秘疾病是鼠疫，通常也被称为黑死病。它起源于意大利和其他地中海沿岸城镇，并迅速蔓延到整个欧洲大陆。黑死病是由鼠疫耶尔森氏菌，也就是鼠疫杆菌引起的，有人认为这种细菌通过老鼠身上的跳蚤传染给人类。然而，当时的人们并不了解这些，只是对这种神秘的致死疾病怀有深深的恐惧。

来自亚洲的夺命疾病

根据热那亚史学家的说法，鞑靼人在1346年围攻了他们的贸易点。当鞑靼人从亚洲来到卡法时，也带来了疾病，这种疾病在士兵中迅速传播。鞑靼将军下令将感染的尸体用投石车掷到城里。如果这个记载是真实的，那这很可能就是人类历史上第一次生物战争，同时也证明了使用这种生物武器不可预测的惨烈后果。

居住在卡法贸易点的热那亚商人登上商船匆忙逃走，同时也带走了这种致命的疾病。这些商船先是在西西里岛的墨西拿停留，随后继续驶向热那亚。且不论热那亚人的商船带来疾病的故事是真是假，但黑死病在1347年底传播到了意大

描绘黑死病的名画《死亡的胜利》

利半岛是不争的史实。到了 1348 年 1 月，黑死病已经扩散到了法国南部，并于同年夏天传播到巴黎。1349 年初，英国也出现了黑死病患者。1350 年，斯堪的纳维亚半岛也受到黑死病的威胁，一年之后俄罗斯也未能幸免。

哀鸿遍野，人心惶惶

公元 1000 年到 1250 年间，欧洲经历了非常显著的经济和人口增长。大约公元 1000 年的时候，只有 4000 万左右的人口居住在今天的欧洲地区。而到了 14 世纪中叶黑死病肆虐的时候，欧洲的人口几乎翻了一倍，达到了 7500 万。考虑到中世纪的粮食生产水平，当时的欧洲已经濒临人口过剩。

据各种统计，有 30% 到 50% 的欧洲居民在短短几年的时间里死于这场黑死病大暴发。佛罗伦萨有 2/3 的人口在几个月内死亡。意大利伟大诗人弗兰齐斯科·彼特拉克在这场浩劫中幸免于难，却失去了爱人劳拉。他在写给兄弟的信中描述了那时候炼狱般的恐惧，当时他住的修道院里有 35 个人，而他和他的狗是仅有的幸存者。

"唉！我亲爱的兄弟，我该说些什么呢？又该从何说起？我又能去哪儿呢？这里处处哀鸿遍野，人心惶惶……不是天上的闪电，不是地上的大火，也不是战争和血腥的屠杀……

到处都看不到人，十室九空，整个城市一片荒芜，国家几乎不复存在，无数尸体已无处安葬……"

在一篇名为《巴黎大学医学院传染病汇编》的专业科研论文中，巴黎大学医学院的教授们认为这场可怕瘟疫的起因是1345年3月20日发生的奇异天象。土星、木星和火星在这一天交会于水瓶座的40°处，这被认为是一个可怕的凶兆。人们认为行星会合造成了地球空气质量的致命性下降，导致人体内各种体液之间的平衡被严重扰乱。这些著名的医学家给公众的建议是远离受到感染的空气。尽管这个说法现在听来是很奇怪的占星术理论，但医学家们的建议本身其实是非常恰当的。

黑死病十分恐怖，可以在三天之内使人死亡。据一些目击者的描述，有的人头天晚上上床睡觉时还很健康，但第二天早上就病得奄奄一息了。有时候医生也会被病人传染，并很快死于同样的疾病。佛罗伦萨历史学家乔瓦尼·维拉尼记载了这次瘟疫大暴发，据说他在写到一半的时候也染上黑死病去世了，他写的最后一句话是："这场瘟疫一直持续到……"维拉尼应该是想在瘟疫结束时补全这句话，然而不幸的是他没有活到那一天。

反犹太主义和不同寻常的宗教派别

由于当时的人们并不清楚这场突如其来的瘟疫暴发的真正原因，所以各种关于这场大灾难的传言很快流传开来。许多人认为黑死病是上帝对个人罪孽和过多参与世俗事务并一心敛财的教会的惩罚。

黑死病在欧洲的迅速蔓延也推动了一些不同寻常的宗教运动。天主教鞭笞派在中欧地区开始流行起来。其实在瘟疫暴发之前，就有一些僧侣在修道院的密室里以鞭笞、自残等自虐形式来净化自己的罪孽。黑死病暴发之后，鞭笞仪式已经成为公众场景。在那个时期，在俗信徒以及神职人员经常组成50到500人的鞭身团和鞭身游行队，他们裹着染有血迹的白布，在中欧的村庄和城镇之间游行，一边鞭笞自己，一边高声吟唱圣歌。

鞭笞派教徒对有罪的基督徒的态度比较宽容，但他们是极端的反犹太主义者。在这个教派最流行的时期，他们在德国摧毁了大量犹太人社区。犹太人被指控故意向井里投毒。黑死病在犹太人社区造成的死亡率确实低于其他地区，但主要原因是犹太人通常更注意卫生，而且他们的居住区在各个城镇里相对隔离。在欧洲北部的人口迁徙中，尤其是在波兰和俄罗斯的移民过程中，记录在案的犹太人被杀的案件多达好几百起。

中世纪的瘟疫会导致小冰期吗

黑死病对欧洲社会的影响非常严重，引发了重大的社会和文化变革。中世纪的社会结构必须适应新的环境。曾经廉价而且过剩的劳动力突然变得短缺起来，同样的工作在这个时期的报酬要比原来高出好几倍。

在经历如此大规模的灾难之后，社会环境发生如此重大的变化并不奇怪。那么对自然环境会产生怎样的影响呢？人类的活动，尤其是温室气体排放对地球大气的影响早已不是什么秘密。荷兰乌得勒支大学的托马斯·范·霍夫教授提出了一个有趣的假设，他认为人类在中世纪曾极大地干扰了地球大气的平衡。他提出的这个理论颇具争议，引起了广泛关注。范·霍夫估算了过去几个世纪大气中二氧化碳的浓度，他注意到大气中的二氧化碳浓度在1200年到1300年间激增，而在1350年左右，这个过程突然发生逆转，大气中的二氧化碳浓度开始出现明显下降。

范·霍夫进一步提出，由于中世纪欧洲和亚洲近一半的人口消失，大量的土地不再使用，上面开始长满森林，这导致大量的二氧化碳被新生的植被吸收。大气中的二氧化碳为地球形成了一种保护性或绝缘性的覆盖物，阻止地球降温。大气中的二氧化碳浓度越高意味着地球保温层的效果越好。如果大气层中的二氧化碳减少，地球的保温层就会变薄，向外太空释放更多的热量，并导致地表温度下降。根据这一不寻常的假设，中世纪的瘟疫不仅导致了重大的社会变化，还对自然环境产生了巨大影响，引发了一个平均气温明显下降的小冰期，这个寒冷时期从中世纪末一直持续到 19 世纪中叶。

食人族、失眠症和疯牛病

第二次世界大战结束后不久，被派往巴布亚新几内亚偏远平原的澳大利亚殖民官员注意到，一个叫作福尔的小土著部落中出现了一种罕见的疾病。当地人管这种病叫库鲁病，库鲁在土著语言中的意思是颤抖。凡是染上这种病的人会逐渐无法控制自己的肌肉，他们会开始颤抖，甚至有时还会控制不住地大哭大笑。一旦出现这种疾病的最初症状，患者在几个月内就会死亡。

不同寻常的饮食

1957年，当时34岁的医生丹尼尔·卡尔顿·盖杜谢克来到了新几内亚，当地殖民官员讲述的这种神秘疾病的故事立刻引起了他的极大注意。他动身去部落探访，并开始对疾病进行彻底分析。为了研究这种疾病，盖杜谢克需要搜集患者的组织样本。大多数时候，他会购买病死土著的尸体，就在他小屋厨房的桌上进行临时尸检，然后把组织样本储存在冰箱里。

　　进行了不同的检测之后，他排除了这种疾病是由病毒或细菌感染引发的可能性，之后他开始检测可能导致疾病暴发的所有环境因素。他分析了部落成员吃的食物和他们居住的环境，但一无所获。更糟糕的是，他甚至无法按照任何主要医学类别来对库鲁病进行归类。种种迹象表明，库鲁病既非遗传病也非传染病，不是身心机能失调，也不是外部环境导致的。

　　盖杜谢克在美国又经过多年研究之后，终于成功地发现这种疾病是通过脑组织传播的。他用一个库鲁病患者的脑组织样本去感染一只健康猴子的大脑，结果猴子患上了库鲁病。1976年，因为对这种"全新感染形式"的研究，盖杜谢克获得了诺贝尔生理学或医学奖。

　　这种疾病在土著部落的妇女和儿童中传播更快，其中的原因很快就水落石出了。原来库鲁病是福尔部落效仿相邻部落的食人仪式所导致的。

　　半个世纪前，新几内亚土著的食人行为被成功根除，从此销声匿迹。然而直到现在，福尔部落每年仍有一些年长的女性成员死于库鲁病，这表明这种疾病的潜伏期会持续非常长的时间。据统计，库鲁病夺走了近 3000 名新几内亚土著的生命。

分子生物学的中心法则被违背了吗

盖杜谢克并不是唯一一位因研究这个令人关注的医学领域而获得诺贝尔奖的学者。1997 年，斯坦利·布鲁希纳在盖杜谢克研究成果的基础上成功取得了实质性进展，并从分子的层面上解释了库鲁病和类似疾病的机制，他也因此获得了诺贝尔奖。（盖杜谢克作为诺贝尔奖得主在晚年被判入狱使他更加出名。1997 年，在美国居住期间，他因猥亵儿童被判 18个月监禁。他在服刑期间得知了布鲁希纳通过研究和自己相同的课题获得了诺贝尔奖。）

1972 年，当时的布鲁希纳还是旧金山一名年轻的神经学家，他的一位病人死于克雅氏病，也就是今天众所周知的"疯牛病"。当时他完全不了解克雅氏病的病理，因此潜心查阅各种文献，他发现在动物身上进行的试验已经证明，克雅氏病、羊瘙病（一种牲畜疾病）和巴布亚新几内亚独特的库鲁病都是通过病变器官样本感染健康脑组织来传播的。

由于唯一能得到的足够数量的研究对象是被感染的绵羊，

所以布鲁希纳决定尝试分离引起羊瘙病的病原体。羊瘙病是一种中枢神经系统疾病，会感染绵羊、山羊和猪这些较小型的牲畜。分离病原体的方法很复杂，因为必须从受感染的组织中提取不同类型的分子。然后对这些分子进行测试，以确定到底是哪些分子导致了疾病。具体过程是这样的：取出患病动物的脑组织样本，放入离心机以分离单个分子，然后将分离好的样本逐个注射到老鼠体内，以确认哪些样本会使老鼠感染，这一过程还会被进一步划分为几个阶段，以观察和最终确定实验结果。

有人提出了一种假设，认为这是一种可以长期潜伏的"慢病毒"，但实验很快证明，即使用辐射完全破坏包含病毒遗传物质的核酸，从患病脑组织中提取的样本仍然会引起感染，说明感染机制还有待研究。研究还发现，通过添加能使蛋白质变性的酶，可以明显降低样本的传染性，这意味着蛋白质最有可能是导致疾病的根源。

蛋白质是人体内非常重要的分子，通常被称为自然界的机器人。它们在人体细胞中执行着各种不同的任务，例如有一种叫作血红蛋白的蛋白质负责在血液中运送氧气。蛋白质由长长的氨基酸链构成。当然，这些氨基酸链并不是简单地像一条长蛇那样环绕在细胞周围，而是最开始的时候就形成了十分复杂的形式。只有在这种形式下，它们才会变得活跃，有能力完成各种各样的任务。

然而，没有人能够理解，蛋白质如何在没有 DNA 或 RNA 的情况下繁殖。根据作为现代生物学基础的经典理论，遗传物质储存在 DNA 的分子中，DNA 分子提供细胞产生在人体内执行不同任务的蛋白质所需的基本信息。这个理论就是分子生物学的"中心法则"，信息的传递只能从 DNA 到蛋白质，并不能逆向进行。蛋白质不能为自己的产生创造指令，更不能将这些指令写入细胞基因组。生产蛋白质的是细胞，并将指令储存在它们的基因序列里。

坏分子

人们提出了很多假说试图揭开感染性蛋白质的谜团，最后，最匪夷所思的理论被证明是正确的，这一理论也使布鲁希纳赢得了诺贝尔奖。他知道宣传和推广一项发现是科学中的重要一环，所以需要一个有吸引力的名字来匹配他的新颖理念。他想找一个简单易记，而且听起来像是已经确立的科学术语，例如夸克、质子、中子、电子……于是，"朊蛋白"这个词就诞生了。

一种蛋白质通常只有一种稳定的形式，但朊蛋白是一种很特殊的蛋白质，它们有两种稳定的形式。在健康的生物体中可以找到常见的自然形式的朊蛋白，而另一种形式的朊蛋白会导致疾病。最不可思议的是"坏"朊蛋白对周围的朊蛋白有很强的转化能力，当它遇到一个"好"朊蛋白时，会在接触的过程中将其变成"坏"朊蛋白。这种转化能力会带来可怕的结果，即使只有很少的"坏"朊蛋白，大多数"好"朊蛋白也会被转化。朊蛋白疾病的机制正是如此。事实上，朊蛋白是一种无须基因参与也能繁殖的蛋白质。

在自发性克雅氏病的情况中，第一批"坏"朊蛋白碰巧出现，然后它们立即开始对其他正常朊蛋白的转化。第一次发病症状出现一年之后，患者就会死于这种疾病。有些家族因为基因序列略有不同，所以从遗传学角度而言很容易患上这种疾病，幸运的是全世界只有不到一百个这种易患病家族。但其他人也会被"坏"朊蛋白感染。有时候因为医生在进行大脑检查时重复使用同一器械，也有可能使患病者的"坏"朊蛋白转移到健康人的大脑里，然后这些有害的蛋白质开始转化正常的朊蛋白，导致人们感染致命疾病。

负责生产朊蛋白的基因有时会发生部分突变，这会导致一种罕见的疾病——致死性家族性失眠症。20 世纪 80 年代，这种疾病在一个尊贵的意大利家族中首次被发现。这个家族的祖先从中世纪开始直到现在都死于不同寻常的疾病，而且总是伴有失眠症的症状。这个家族的一些成员在35岁到60岁之间的某个时候会突然发现自己难以入睡，甚至服用强力安眠药都无济于事，随着病情的恶化，病人饱受折磨，最终精疲力尽陷入昏迷，通常在症状出现后不到一年就会死去。

医学界至今仍未找到治疗朊蛋白疾病的办法。因为只要有"坏"朊蛋白进入人体，几乎就没办法阻止它转化其他正常朊蛋白。通常能够成功对抗病毒和细菌的药物对它无能为力，实际上现在没有任何办法可以杀死活体内的朊蛋白病毒。

来自非洲腹地的致命病毒

1976年8月底，旅行归来的44岁男子马巴洛·罗克拉发着高烧，他刚去了临近中非共和国边境的刚果北部旅行。回到家乡刚果民主共和国的扬布库镇之后，教会医院的医生给他做了检查，怀疑他感染了疟疾，于是给他注射了一针氯喹。他的体温降下来了，所以出院回家休养，结果几天之后他又开始发高烧。

9月初的时候，家人再次将他送往医院，不过他那时的状况已经非常糟糕。他遏制不住呕吐，出现急性腹泻、头痛和呼吸困难等症状，接着他的鼻子、眼睛和牙龈开始出血。不幸的是当时教会医院里没有医生，只有护士，所以尽管他们竭尽全力，还是无法有效地诊断和治疗疾病。9月8日，第一次出现症状两周之后，马巴洛·罗克拉死了。

　　我们都要失血过多而死了！

　　按照传统，一直照顾罗克拉的妻子姆布恩祖和自己的母亲、婆婆、姐妹及其他女性近亲一起将罗克拉的遗体清洗干净，为他准备葬礼。葬礼结束后不久，清洗罗克拉遗体的亲属和出席葬礼的其他亲朋好友都出现了和罗克拉一样的症状。收治罗克拉的那所教会医院的一些护士也病倒了。人们开始惊恐万分，似乎他们都要失血过多而死。

　　9月15日，应教会医院院长的要求，来自附近的奔巴镇的恩戈伊·穆斯霍拉医生赶到了扬布库。他很快意识到这里出现的是一种高传染性疾病，而且已经在城镇和附近的村庄迅速蔓延。他详细记录了患者的症状，并试图对受感染的人群至少进行最低限度的隔离。这一点相当必要，因为当地人的习俗是将逝者埋在住处附近，甚至就埋在住的房子里，而这样只会增加感染率。9月17日，穆斯霍拉医生首次向刚果民主共和国首都金沙萨的负责人正式提交了关于扬布库暴发传染病的书面报告，并请求立即支援。

　　9月23日，刚果民主共和国国立大学的两名微生物学和流行病学专家前往扬布库对疫情情况进行评估。他们抵达后，做出了非典型黄热病暴发的诊断，并很快离开疫区。他们返回金萨沙时带走了一名病重的护士和教会医院的两名工作人员。为了得到更精确的诊断，他们通过法国大使馆将患病护士的血液样本送往巴黎的巴斯德研究所。研究所的工作人员通过样本分析确定该疾病是由一种全新的病毒引起的，这种病毒被命名为埃博拉病毒。埃博拉是扬布库附近的一条小溪，被认为是这次疫情的发源地。

不久之后，地方当局在10月初派出军队用路障隔离了扬布库和周围地区。附近较大的城镇也被隔离，人们被禁止离开，此外军队还设立了两所野战医院作为隔离医院。尽管采取了这些措施，疾病还是不可遏制地向附近许多村庄蔓延，318人感染，其中280人死亡，死亡率几乎达到了90%。

与此同时，一种略有不同的病毒株从非洲中部的这个地区传播到苏丹共和国南部。相较之下，苏丹出现的埃博拉病毒感染的死亡率低一些，略高于50%，284名感染者中有151人死亡。

猴子感染源

病毒学家研究了刚果北部和苏丹南部这种奇怪又可怕的新型致命疾病之后，发现这种病毒与十年前在欧洲出现的病毒很相似。1967年，在德国的马尔堡，当地的传染病诊所收治了一些高烧不退、全身疼痛难忍、好几个部位出血的重病

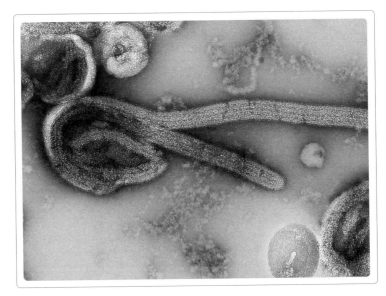

显微镜下的埃博拉病毒，CDC供图

患者。结果发现，他们都在同一家制药公司工作，感染了同一种病毒，这种病毒是通过从乌干达进口的猴子感染的。这些猴子准备用于生产疫苗的细胞培养物，其中有一半猴子死于从非洲运来的途中。

除马尔堡外，在法兰克福和贝尔格莱德也发现了感染同样病毒的病例。有25人因为直接接触猴子而感染，其中7人死亡。除这些最初的感染者外，后来又有6人感染，所幸再没出现死亡病例。

这种致命的疾病暴发时，病毒感染者的死亡速度太快，所以没来得及造成大规模的蔓延，这也算是不幸中的万幸。感染者很快就虚弱不堪，不能四处走动，这样一来埃博拉病毒的传播范围也变得有限。自 1976 年以来，感染埃博拉病毒的不到 2000 人，但每次暴发的死亡率都高达 50% 至 90%。据记载，1976 年刚果疫情暴发期的死亡率是最高的。

蝙蝠是病毒携带者吗

尽管和几十年前相比，我们今天更熟悉这类致命病毒性疾病的发病机制和传播方式，但在非洲国家仍然会出现埃博拉和类似病毒的暴发。2007 年，有 100 多人感染了埃博拉病毒，其中有 1/4 的病人死亡。2008 年 7 月中旬，一名从非洲国家旅行归来的荷兰女士也死于类似埃博拉的病毒，传染病专家认为她在非洲参观洞穴时被一只蝙蝠感染。

在健康地图网站（www.healthmap.org）上，一张展示疾病信息的世界地图使我们能够形象化地跟踪最新报告的疾病暴发情况。这个网站会自动跟踪专业健康信息来源以及报纸和其他新闻来源，根据疫情的危险程度进行分类，并在地图上定位标注。2008 年夏天，地图上的荷兰莱顿市被标注了一面红旗，当地的医生在医院的一个特别保护区里，穿着防护装备，正在治疗我们刚刚提到的受感染的那名女士。

　　不仅人类需要对抗埃博拉病毒的疫苗，其他动物也需要，因为这种病毒不只袭击人类，也会感染猴子和森林羚羊。这种疾病现在已经对大猩猩种群构成了严重威胁。因此在抗击埃博拉病毒的过程中，环境保护和公共卫生也是其中重要的一环。

　　关于埃博拉病毒和其他类似病毒还有一个更重要的问题，哪些物种是这些病毒的最初宿主，又如何传播给其他物种。一段时间以来，人们一直怀疑这些病毒的自然携带者是蝙蝠，不过这一假设尚未得到证实。但有研究表明，即使蝙蝠携带病毒，它们自身却不会受到影响。1976年苏丹出现的首批感染病例之一是一家棉纺厂的一名雇员，这家棉纺厂里有大量蝙蝠巢穴。也有人认为，生活在森林中的野生动物可能会通过接触和吃掉被蝙蝠咀嚼过的水果而接触到病毒。马巴洛·罗克拉是官方报道的第一个死于埃博拉病毒的人，据说他在刚果北部旅行时吃了一些羚羊肉。

　　为了对抗像埃博拉和炭疽这种极其危险的病毒，美国食品药品监督管理局甚至更改了只有成功进行人体试验后才批准使用疫苗的规定。对于这些特别致命的疾病，只要科学家证明某种试验药物可以成功使两种动物免疫，就可以进行疫苗生产。当然，很难找到有足够勇气注射这种原型疫苗并自愿感染的人来证明疫苗确实有效。

征服疟疾

据世界卫生组织统计，每年有数亿人感染疟疾，其中超过100万人死亡。100多年来，科学家一直在和这种疾病做斗争。几十年前，对疟疾的斗争似乎胜利在望，但疟疾产生了适应性变化，并再次暴发。

致命的"蚊子阴谋"

疟疾可以让人在短短几天内死亡。这种疾病是由一种微小的单细胞寄生虫——疟原虫引起的。疟原虫寄生在感染者的红细胞里，它会在红细胞中分裂，直到细胞被撑破。被破坏的红细胞会阻塞血管，造成器官损伤，可能导致患者死亡。在整个人类历史上，被这种微小的寄生虫杀死的人很可能比其他任何疾病都要多。

很长一段时间以来，人们一直认为疟疾是由受感染的空气引起的，因此疟疾的名字"malaria"在意大利语中的意思是"坏空气"。1897年，一位在印度服役的英国军医对疟疾的病理有了至关重要的发现，他就是罗纳德·罗斯。当时有一种假说，认为疟疾的真正携带者不是受感染的空气而是蚊子，罗斯希望验证这一假说。当时研究这种疾病的权威人士都认为蚊子理论很荒谬，但罗斯决定无论如何也要用实验来检验。他进行的实验后来被证明是医学史上最重要的实验之一。他培育了一些蚊子，用从感染者身上提取的血液喂养蚊子，希望以这种方式来弄清楚疟原虫能否在蚊子宿主体内存活。他在好几种蚊子身上进行了实验，结果证明疟原虫无法存活。直到最后，他发现疟原虫确实可以在按蚊属的一种蚊子的消化系统内存活。疟原虫不仅可以在这种蚊子体内存活，而且会繁殖，并等待传染给人类受害者。

罗斯的这一发现让人类第一次真正有机会抗击疟疾，他也因此获得了1902年的诺贝尔生理学或医学奖。抗击疟疾的理念很简单：既然传播疟疾的是蚊子，所以有必要改变自然环境，使其尽可能不适合蚊子生存。人们启动了大量环境改造项目，沼泽、死水和缓慢的河流，这些蚊子最多的地方都是改造的目标。疟疾感染人数开始减少，这是历史上的第一次。然而，改造水源的方法在某些热带地区并不适合，因此科学家们开始寻找更强大的武器。

化学武器参战

当军队在热带地区作战时，指挥官们惊恐地发现死于疟疾的士兵远多于中弹身亡的人数，因此找到有效的方法来控制这种疾病迫在眉睫。在第二次世界大战期间，美国人发明了一种杀虫剂，即使用量极小，也能有效摧毁蚊子的神经系统。在一个地区喷洒之后，其效力可以维持好几年，而且价格还很便宜。这种杀虫剂的学名是二对氯苯基三氯乙烷，也就是我们熟悉的DDT。二战结束之后，世界卫生组织决定在接下来几十年里用DDT彻底根除疟疾。

这个计划最开始的时候非常奏效。仅在印度，疟疾的感染病例就从开始根除疟疾行动前的800万减少到仅仅5万。人类与疟疾的斗争似乎已经取得胜利，然而蚊子却卷土重来，它们对抗DDT杀虫剂的武器是进化。地球上每天都会诞生数不清的蚊子，在非常偶然的情况下，一些蚊子会出现与大多数蚊子不同的特征。只要有一只蚊子发生针对DDT的变异，就会出现对DDT产生抗药性的蚊子群体。原本很有效的DDT对这些特殊的蚊子毫无用武之地，它们可以毫无困难地繁殖。很快，一大批具有DDT抗药性的超级蚊子就在以前疟疾肆虐的地区泛滥开来。

化学家们开始研发新的杀虫剂，然而，蚊子很快也对这些新的杀虫剂产生了抗药性。这场战争演化为人类与蚊子进化之间的博弈。研发新杀虫剂的速度必须比蚊子进化出新防御系统要快，这种新防御系统的进化是随机的，可以有效防止蚊子这个物种的灭绝。然而，每次研发的新杀虫剂都会比之前的更昂贵。1969年，世界卫生组织放弃了和蚊子的斗争，取消了灭绝疟疾主要携带者的计划。蚊子得以再次大量繁殖，死于疟疾的人数也再次激增，印度的感染人数从几千人猛增到几百万。

由于变异，疟原虫也对曾经相对有效的药物产生了抗药性，比如基督教传教士在1640年从秘鲁带来的奎宁现在已经失去了效用。因此，在大约20年前，人类在和世界上最致命的疾病之一的斗争中宣告失败。

创造奇迹的古老中药

20世纪70年代，西方并不知道中国已经开发出了一种治疗疟疾的非常有效的药物。据说，当时的医学研究人员遵照毛泽东的指示，仔细研究了两百多种治疗疟疾的中药，发现其中有一种非常有效。在他们检验的传统药方中，有一份两千年前的中国人制作青蒿茶的说明，这种青蒿茶对疟疾的疗效让科学家们备感惊奇。通过分析青蒿茶的成分，科学家们发现其中一种活性成分有非常明显的治疗效果。今天，这种物质被称为青蒿素，是迄今为止发现的治疗疟疾的最有效药物。由于各种因素的影响，这种药物30年后才在国际上大规模普及。

这种治疗疟疾的神奇药物最初是通过发表在中国医学刊物上的一篇文章传到了中国之外的科学家们那里，然而这则消息在当时并没有激起多少信心。后来西方人花了好几年时间才找到可以提炼青蒿素的植物是黄花蒿，然后开始生产药物。

如何生产出足够的药物

由于这种药物被证明非常有效，所以产生了极大的需求。由于从开始种植黄花蒿到分离出青蒿素需要18个月，因此用传统方法远远无法生产出足够的药物来满足所有疟疾感染者的需求。今天的科学家们正在努力研发更快、更有效的方法生产这种药物。

研究人员将黄花蒿中负责生产青蒿素的基因移植到酵母菌中，终于成功地使这些微生物产生了青蒿酸，这种物质通过进一步的化学过程就能用来生产成品药物青蒿素。在酵母菌和化学干预的帮助下，青蒿素很快就能大规模快速生产，可以挽救无数人的生命。仅在非洲，每分钟就有两个孩子死于疟疾，青蒿素无疑是拯救他们的福音。

不过，和每一种新药投入使用时一样，谨慎是很有必要的。2006 年 1 月，世界卫生组织呼吁制药行业停止对单一基于青蒿素的药物的宣传和销售。研究人员意识到，哪怕一个氨基酸的突变就足以再次产生耐药性。防止疟疾对这种最新、最有效药物产生耐药性的最佳策略就是患者使用青蒿素时要同时结合其他抗疟疾药物。这样才能减少疟疾发生突变并在全球传播的可能，并阻止已经发生过多次的灾难再次暴发。

当新的未知疾病暴发时

2003 年 2 月 28 日，世界卫生组织在越南河内的地方办事处接到一个紧急电话，是一家不到 60 张床位的小型私立医院打来的。两天前，这个医院收治了一名出现非典型流感症状的病人。为了排除"禽流感"的可能，他们请求世界卫生组织专家的帮助，想确定这到底是什么疾病。

接听这个电话的是意大利传染病专家卡洛·乌尔巴尼，他是无国界医生的资深人士，也是这个著名的国际医疗救援组织的意大利分会会长。1999 年，乌尔巴尼代表无国界医生领取了诺贝尔和平奖。

"我们不知道这到底是什么疾病，但绝不是流感。"

作为世卫组织的官方代表，乌尔巴尼对出现非典型流感症状的美籍华裔商人约翰尼·陈进行了检查，他很快发现情况十分严峻。他怀疑这个不幸的商人感染了一种医学界前所未知的疾病，因此无法判断这种疾病的危险性和传染性。在接下来的几天里，乌尔巴尼和医院的工作人员全力搜集不同的样本和其他任何可以从病人身上搜集到的信息，他们对信息进行审查后上报给世卫组织，要求立即给出建议。

乌尔巴尼还在医院设立了一个确保安全的特殊隔离部门，这一举措很快被证明是十分重要的决定，因为医生们很快发现这种疾病的传染性极强。后来发现，在最初的60名患者中，有一半是医务工作人员。当医生第一次出现这种疾病的症状时，他们也必须严格进行自我隔离，避免将疾病传给家人，继而传播到整个城市，所以在整个研究期间，几乎所有医生都一直待在医院里。乌尔巴尼在写给同事的一份报告中这样写道："我住的医院里处处可以听到护士的哭声，人们到处乱跑，大喊大叫，惊慌失措。我们不知道这到底是什么疾病，但绝不是流感。"

医院里的医务人员所采取的严格的防护措施被证明全部都是很有必要的。很明显，这是一种全新的病毒性疾病，不仅传染性很强，而且非常危险。遗憾的是，人们在最初的几周里没有意识到这一点，后来的统计数据表明，每十个患者中就有一个死亡。3月9日，世卫组织搜集了足够的信息去会见越南当局的最高代表，并就当时十分严峻的形势和潜在的巨大风险提出警示。这时候，来自国际社会的专业援助小组已经抵达医院，国外的专家们带来了他们研究例如埃博拉病毒这类最危险、最致命的病毒时使用的所有设备。这家私立医院被关闭，病人都被转到河内最大的公立医院白梅医院的一个特殊科室，擅长处理这种情况的无国界医生组织成员和越南当地的医生在这里开始通力合作。

在采取所有抗击流行病的关键措施之后，死亡率终于稳定了下来。越南这次处理传染病的案例是一个很好的典范，告诉我们在怀疑这种疾病出现的时候应该如何应对。假如乌尔巴尼没有用专业数据成功警示越南当局迅速采取有效而透明的措施，一场毁灭性的灾难可能已经无可挽救了。

3月11日，河内的疫情已经得到了部分控制，乌尔巴尼乘飞机前往曼谷参加了一个科学会议。还没下飞机的时候，他就感到很不舒服，而且出现了这种新发现的疾病的典型症状。同事在曼谷机场接机，但乌尔巴尼让同事不要接近自己，因为他肯定自己已经感染了病毒。在接下来一个多小时里，乌尔巴尼和同事静静地分开坐在候诊室，等待救护车带来医生和避免感染的专业设备。

乌尔巴尼被直接从机场送到当地医院隔离，他在那里与病魔展开了18天的殊死搏斗。与其他感染者一样，乌尔巴尼也出现了典型的呼吸道症状。他只能通过电话与妻子和三个孩子联系，因为这种疾病的感染性太强太危险，任何没有做好充分防护的人都不被允许和他直接接触。尽管他自己是一位传染病专家，而且他的同事从德国和澳大利亚带着几种最新的抗病毒药物来帮助他，然而不幸的是，乌尔巴尼还是被这种新的致命病毒夺走了生命。2003年3月29日，乌尔巴尼在医院去世，这时候距他向河内的医院提出专家建议仅仅过了一个月。他立下遗嘱，把自己患病的肺捐赠出来，用于科学研究。

成功确定病因

3月17日，世卫组织召集由世界上最杰出的微生物学家、病毒学家、流行病学家和临床医生组成的团队来对抗这种新疾病。他们每天召开会议，并通过互联网公布所有信息。4月初，专家组终于确定这种疾病是由一种新的冠状病毒引起的，这种病毒以前从未在人类或动物中发现过。通常的冠状病毒相对来说对人类的危害不大，只会引发普通感冒，然而SARS（严重急性呼吸综合征）似乎不是典型的冠状病毒。4月12日，科学家们已经掌握了这种病毒的整个基因组，5月1

日，他们正式发表了一篇文章，详细描述了这种病毒。

5月中旬，当"非典"疫情达到高峰时，每天都有好几百个新病例的报告，然而科学家们仍然没有找到任何药物或疫苗来对抗它，因此，各国政府不得不采取人类已经实施了几千年的常规抗疫措施——所有感染者必须立即隔离以防止病毒进一步传播。在新加坡，疑似病毒携带者的家里被安装了网络摄像头，以确保他们遵守隔离规定，擅自离开隔离地点的人将受到严厉惩罚。在香港，感染人数最多的公寓大楼被疏散，居民被转移到一个专门的场所隔离10天。

当然，中国政府采取了坚定而有力的措施，迅速关闭了所有的学校、剧院和电影院，并禁止一切公共活动。4月底，中国政府决定在北京郊区建设一家专门治疗"非典"的新医院，7000余名建筑工人在短短8天内建好了这座耗资1.7亿美元的医院。

后来，这种疾病在2003年夏天突然神秘地消失了，正如当初它突然出现一样神秘。

如何降低胆固醇：崎岖之路

在日本东北大学的食堂里，每天晚上 8 点左右都会响起铃声，跑得够快的人能拿到一些当天的剩菜。许多贫困学生在进修期间就靠这些免费的晚餐生活。他们当中包括后来成为著名生物化学家的远藤章。和其他人一样，远藤章经常会在晚上等着餐厅铃响，然后跑去拿一些免费的食物，这样的经历可能就是他一直保持简朴生活的原因。尽管后来他在日本三共公司从事了多年的研究工作，并开发出整个制药行业最赚钱的药物之一，但除了平时的工资和养老金外，他没有拿过任何额外的报酬。

从东北大学毕业之后，远藤章在三共公司找到了一份工作，他最初的研究项目包括分离某些具有商业价值的酵母的组成部分。在那个时代的日本，每个学生都必须在相关行业担任至少 5 年的研究员，才能获得博士学位。到远藤章提交博士论文的时候，他已经发表了不少于 15 篇很有价值的科研论文。他的努力和科研成果为公司带来了丰厚的利润，于是在 1966 年，公司决定委派远藤章前往美国接受博士后培训。在纽约进修期间，他决定将自己的研究领域转向脂类（包括通常所说的脂肪和胆固醇）生物化学。

好胆固醇和坏胆固醇

胆固醇是细胞膜的关键成分之一，随食物摄入或由肝脏产生，对脂肪的消化和雌激素、睾酮等激素的形成都起着重要作用。人体内 93% 的胆固醇储存在细胞中，血液中只有 7%。

胆固醇是在两种脂蛋白的帮助下输送的。LDL（低密度脂蛋白）将胆固醇从肝脏输送到身体的其他部位，而 HDL（高密度脂蛋白）则将多余的胆固醇从动脉送回肝脏。胆固醇在动脉里会引发许多问题，这两种类型的脂蛋白对维持正常的身体功能当然都是必不可少的，但是在今天的人们营养意识日益提高的情况下，高密度脂蛋白因为具有净化血管的功能而被视为"好胆固醇"，而低密度脂蛋白则被贴上了"坏胆固醇"的标签。这种说法也不无道理，如果我们的血液中含有过多的低密度脂蛋白颗粒，它们就会粘在动脉壁上，并逐渐形成斑块，从而引发一些问题。在最坏的情况下，这会导致血管栓塞，增加患心脏病或中风的可能性。

在成千上万的样本中寻找一种神奇的物质

回到日本后，远藤章决心寻找一种可以阻止人体形成新的胆固醇的物质。早在 20 世纪 60 年代，人们就已经知道 HMGCR（羟甲基戊二酰辅酶 A 还原酶）是一种负责调节胆固醇的酶，这种酶与多种脂肪的产生都有关，并且在肝脏产生胆固醇的过程中起着核心作用。远藤章需要找到一种可以抑制这种酶的物质，但是他应该把目光放在哪里呢？几十年前，人们在微生物中发现了一些有效的抗生素，远藤章确信，通过对微生物世界的彻底研究，他一定能找到某种调节胆固醇的药物。

就这样，一项庞大的工程开始了，远藤章研究了数千种不同的土壤、真菌和其他生物体的样本，这些样本或许有可能提供所需的药用特性。他想出了一个研究步骤，将大鼠肝脏提取物与加入放射性标记物的物质样本结合起来，这样就能由相关的放射性增加测量产生的胆固醇数量。他很快就证实了某些物质具有抑制胆固醇产生的作用，但事实证明很难将它们分离出来，也很难排除不必要的副作用。

20世纪70年代初，在研究了成千上万份样本后，远藤章和他的团队在能降低血液中胆固醇水平的物质中发现了四种可能适于药用的候选物质，其中两种似乎特别有希望。第一种是从水稻和黄瓜上发现的一种叫作桔青霉素的寄生菌中分离出来的物质，不幸的是，这种物质被证明是有毒的。另一种来自20世纪50年代在京都购买的大米上发现的微生物的提取物。

两年半后，远藤章和他的团队又测试了6392个样本，他们发现其中只有一种样本适合动物实验，三共公司将其命名为康百汀。不幸的是，在大鼠身上进行的实验显示，尽管康百汀可以在一定程度上抑制负责合成胆固醇的HMGCR的功能，但对降低胆固醇水平没有长期效果。调节大鼠血液中胆固醇水平的机制看起来如此强大，以至于会通过触发额外的机制来对HMGCR的降低做出反应，从而使胆固醇水平重新恢复。

1976年1月，远藤章似乎已经放弃了对康百汀的进一步研究。有一天他在食堂遇到了一位刚刚完成小鸡实验的老同事。因为这些小鸡在实验完成之后肯定要送去专门的处理点扑杀，所以远藤章决定请同事允许他在小鸡身上再实验一下康百汀。这一次的结果令人十分鼓舞，实验组的小鸡胆固醇水平下降了大约一半，而且没有观察到任何有害的副作用。

远藤的第一个病人

1977年，一位医生联系了远藤章，他正在治疗一个患有严重高胆固醇血症的女孩，过多的胆固醇堆积带来的严重问题已经危及这个女孩的生命。由于三共公司不能正式允许给病人服用这种处于实验阶段的药物，远藤章在经历漫长的道德斗争后，终于带着50克剂量的康百汀前往大阪，把它交给了那位医生。

这个18岁的女孩成了第一个通过我们今天所称的他汀类药物来降低胆固醇的患者。她的胆固醇水平很快下降了20%，但在治疗三周之后，她出现了严重的肌肉疼痛。医生立刻减少了她的用药剂量，也减少了其他8名正在服用这种药物的患者的用药剂量。这个试验组的胆固醇水平平均下降了30%，副作用基本可控，这一结果足以让康百汀这种药物进入全面临床试验的第一阶段。

远藤章后来决定离开三共公司，他接受了东京大学的一份教职。在日本保守的企业文化中，这样的人事变动在当时是闻所未闻的，甚至是无法接受的，但远藤章还是希望公司能看在他几十年来所做出的贡献的分上，理解和尊重他的选择。然而他错了。在为三共公司工作21年零8个月并做出卓越贡献之后，他不得不独自清理办公室，独自带着自己的物品离开，没有一个同事和他道别。

制药公司和他们天文数字般的利润

三共公司在与美国默沙东公司的合作中表现得非常幼稚，竟然同意与默沙东公司的研究人员分享所有的研究成果。默沙东公司提出协助开发康百汀的最终产品。最后的结果是默沙东公司欺骗了三共公司，并独自为成熟的他汀类药物申请了专利。

在东京大学做研究时，远藤章在另一种水稻中又发现了一种新的他汀类药物，并申请了专利。默沙东公司的研究人员立即联系了他，并要求他提供样本。远藤章不愿意和美国公司分享他的成果。尽管远藤章首先为这种物质申请了专利，但默沙东公司坚称他们早在几个月前就发现了这种物质，只是出于一些原因没有完成专利申请。结果默沙东公司成功说服了美国专利局，并在1987年首先将这种物质制成名为洛伐他汀的药物投入市场。

现在远藤章住在东京，尽管年事已高，但他仍然喜欢和朋友们在附近的山上徒步旅行。几年前，他在一次采访中说，

他的私人医生发现他的胆固醇水平略有上升，然后说了一句
令他心生感慨的话："别担心，我知道一种很好的药可以帮你
降低胆固醇。"

医学与健康

巴氏杀菌法：你所不知道的事

　　法国化学家和微生物学家路易斯·巴斯德喜欢用最夸张的方式向公众展示他的研究成果，这使他非常出名。他喜欢上演壮观的场面，19世纪的报纸总是会对他的事情进行详细报道，要是在今天，这些场面肯定会在电视上现场直播。1881年6月2日，巴斯德公开了他在法国乡村农场进行的一次大胆实验的结果，再次成为媒体的明星。几个月前，他宣布发现了一种用弱化并降低毒性的炭疽杆菌制成的疫苗对抗炭疽病的方法，但兽医希波吕忒·罗西尼奥尔对他提出了质疑，并要求他对此进行一次可控的公开演示。巴斯德认为炭疽病是由微生物引起的，而罗西尼奥尔反对这一理论，并希望这次公开实验让巴斯德名誉扫地。

壮观的实验

接受这样的挑战对巴斯德来说毫无疑问是一个冒险的尝试，因为实验很可能会出现某种不可预知的复杂情况，并导致他在公众面前丢脸。然而，他对壮观场面和受到公众关注的热情最终占了上风。实验将在梅伦农业协会的监督下进行，罗谢特男爵在现场亲自主持。4月28日，巴斯德与梅伦农业协会签署了一份协议，其中包括如何进行实验的明确规范。他得到了60只动物，其中一半将接种疫苗。然后对这些动物进行观察，看它们对炭疽杆菌感染的反应如何。

实验是在梅伦附近的罗西尼奥尔农场严格按照预先确定的规程进行的。5月5日，24只健康的绵羊、1只山羊和6头牛接受了第一次炭疽疫苗注射。5月17日，它们再次接种疫苗。最后，在5月31日，所有的实验动物都感染了高浓度的炭疽杆菌，这种感染通常会导致疾病迅速发展。巴斯德自信地预测，只有接种了疫苗的动物才能在感染中存活下来。

6月2日，在这些动物被感染48小时后，大批记者、兽医和各界人士都来到这个乡村农场，听取实验结果。一幅引人注目的景象在等待着他们：接种了疫苗的24只绵羊、1只山羊和6头牛都健康状况良好，而未接种疫苗的21只绵羊和1只山羊已经死亡。还有3只未接种疫苗的绵羊暂时没死，但其中2只在记者眼前很快就死了，最后1只在天黑之前也死了。未接种疫苗的牛没有死亡，但都表现出患病的症状，并出现了高烧。

新闻报道对巴斯德大加赞扬，但没有人提到他只是参与炭疽疫苗研发的众多科学家之一。在不引起疾病全面发作的情况下，通过注射弱化并降低毒性的炭疽杆菌作为疫苗以刺激免疫力，这种方法实际上是许多专家的研究成果。巴斯德在这次著名的公开实验中甚至都没有使用根据他自己的方法制备的疫苗，而是使用了一种同行研究小组制备的疫苗，而这种疫苗当时恰好非常有效。不过将这些单独的科学发现组合在一起发挥出最大效果的人确实是巴斯德，而且他也有勇气在公众面前冒着名誉扫地的风险展示实验结果。

巴斯德获得巨大成功之后，他的妻子玛丽在给女儿的一封信中这样写道："在未接种疫苗的25只羊死亡的那天，我们还收到了利特雷先生去世的消息。"在当时，久负盛名的法国科学院只有40位院士，除非其中一人去世，才会有另一人被选中接任，利特雷先生就是法国科学院院士。巴斯德有理由期待自己能接任利特雷先生的位子，因为他已经获得了令人瞩目的成就，他相信法国科学院这一次会选他。没过多久，法国科学院在1881年12月告知巴斯德，他已经被选为院士。

只有生物才能做到的事情

巴斯德在科研生涯开始的时候就在类似的公共问题上扮演着非常积极的角色。当时还是一名年轻研究者的巴斯德研究了偏振光和晶体的相互作用，他发现酒里面的一种酒石酸晶体具有光学活性。这意味着当这种晶体暴露在光线下时，它们会以某种特定的方式发生反应。然后他提出了一个大胆的假设：只有生物才能产生具有光学活性的物质。他的妻子玛丽在给家人的信中骄傲地宣称，巴斯德正在进行的实验可能会使他成为下一个伽利略或牛顿。

在整个科研生涯中，巴斯德还与工业界密切合作，帮助工厂解决在生产过程中遇到的化学和生物方面的问题。作为里尔大学的教授，他解决了当地食品和酿造工业的一些实际问题。他证明，发酵和酿造既是一个化学过程，也是一个生物过程。酿造过程涉及微生物的积极参与，微生物起着至关重要的作用。他还发明了一种将液体快速加热到60摄氏度的方法。在这个温度下，大部分微生物都会死亡，从而阻止它们继续繁殖，保证食物和饮料不被破坏。1866年，巴斯德获得了这种灭菌方法的专利，并称之为巴氏消毒法，至今仍在

freepik 供图

食品工业中使用。

　　由于热衷在公众面前展示科学成果，巴斯德还和菲利克斯·普歇教授就生命是否可能自发产生进行了一场著名的辩论。这个话题与他在研究发酵过程中遇到的问题非常接近，所以他认为公开讨论很合适。在当时，生命是否会自发产生的问题绝不仅仅是一个技术问题，而且与宗教和道德密切相关。无生命的物质中自发产生生命的可能性被认为是无神论唯物主义和进化论的主要思想，而巴斯德是一个虔诚的基督徒，他在原则上反对这样的假设。因此，他决定用精确的实验来证明，一种生命只能从其他生命中产生，而不能来自自然界任何无生命的物质。

巴斯德和普歇都进行了一系列的实验来证明他们的假设。最后，法国科学院的一个特别委员会做出了有利于巴斯德的裁决，从而进一步巩固了他的声誉。然而，巴斯德的日记后来被公布于世的时候，历史学家发现巴斯德巧妙地掩盖了他理论中的几个弱点。如果这些重大问题在当时都被公开的话，法国科学院决不会宣布他获胜。

实验室日记中的另一幅景象

巴斯德遇到的最大问题是，即使是沸水也无法彻底消灭微生物的存在。普歇在他的实验中使用了干草，因为他知道干草中含有具备高度抗性、生存力极强的孢子。因此，他总是得出同样的结论——即使是煮熟的干草中也能自发产生生命。巴斯德自己也重复了这些实验，并得出了类似的结论，但他决定隐瞒实验结果。他转而使用不含这些孢子的酵母溶液，这样就能很容易地证明生命不可能自发产生。

如果当时的法国社会没有那么倾向于支持巴斯德所主张的只有生命才能产生其他生命的保守观点，那么巴斯德和普歇的辩论就不会在没有消除所有合理质疑的情况下很快被裁定。然而，公众只是简单地认定这是一个客观事实，尽管支持这个客观事实的是被巴斯德精心设计的实验。

今天，巴斯德无可争议地被认为是19世纪科学界的英雄人物。鉴于他擅长在公众面前展示自己的才华，以及他在解决工业、农业和医疗保健领域的实际问题方面所取得的成就，如果巴斯德生活在今天，他肯定会成为当代科学家的典范，并会得到任何国家或公司的鼎力支持。对公众和社会来说，巴斯德身上还有一种特殊的吸引力，他的科学发现不但不像伽利略、哥白尼和达尔文那样与社会对立，而且实际上加强了当时社会的意识形态基础。

第一个ICU（重症监护室）

　　1952年秋天，一场脊髓灰质炎也就是小儿麻痹症疫情席卷了整个丹麦，哥本哈根布莱德加姆斯传染病医院的第19科室人满为患。70个床位住满了受到脊髓灰质炎病毒攻击的重病儿童。这些孩子已经很难自主呼吸了，医生通过手术将一根管子插入他们的气管，管子的另一端连着一个橡胶球囊和一个从氧气罐中抽气的人工呼吸机。每张病床旁边都坐着一名医科学生志愿者，他们的工作是每隔几秒钟就挤压一次橡胶球囊，为这些不能呼吸的孩子提供富氧空气。

长期手动球囊泵氧的后勤保障

　　医科学生们每隔6到8个小时就会换班休息，这意味着每天都会有3到4组学生来到第19科室值班，坐在孩子们身边，不断挤压球囊供氧以维持他们的生命。在值班过程中，他们每小时可以休息 10 分钟，中间还有半小时的午餐和午休时间。这些充满爱心的志愿者会帮患儿挤压球囊供氧，给他们读故事，试图把他们的注意力从残酷的现实移开。

第 19 科室的这种重症监护制度持续了 6 个多月。一些志愿者坚持了几个星期后选择了退出，这种艰苦而责任重大的工作使他们的身体和情绪都备感疲惫。不过志愿者的士气整体来看仍然很高，选择继续坚持的年轻人更多，他们每个人都竭尽全力为这些可怜的孩子提供帮助。每个孩子分别由 4 到 5 名固定的志愿者照顾，因为事实证明，每天看到熟悉的面孔可以帮助患儿减轻压力。

当然，照顾患儿的不只是这些医科学生，他们大多是医学院的二年级学生，通常还不到 20 岁，自然没有什么临床经验。第 19 科室专门聘请了一些经验丰富的医生和护士，他们会在患儿出现并发症时及时处理，并管理医疗用品和设备。除了氧气管，每个患儿还配备了一个特殊的二氧化碳容器，需要定期更换。

在脊髓灰质炎流行期间，共有 1500 名志愿者在布莱德加姆斯传染病医院的重症监护室工作。通过 16.5 万个小时的工作，他们拯救了 100 多名患儿，使他们免于死亡，如果没有呼吸支持，这些孩子是没办法活下来的。

铁肺没有成功

1952 年丹麦应对脊髓灰质炎的流行是医学史上的一个重要里程碑，使导管辅助呼吸成为世界各地重症监护室采用的主要辅助手段。在此之前，只有在极少数特殊手术中才会使用外科插管。

1931 年，美国人菲利普·德林克发明了用于辅助呼吸的铁肺。这种人工呼吸器使用负压来有节奏地扩张肺部，确保新鲜空气有规律地流入呼吸系统。铁肺被用于呼吸肌肉被病毒严重削弱的病人，以体外辅助呼吸的方式帮助维持他们的生命，直到他们康复。但铁肺存在不少缺点，最关键的一点是难以保证患者的呼吸道通畅。

1951 年 9 月，哥本哈根大学主办了一场关于脊髓灰质炎的国际会议，这次会议的气氛非常乐观。与会者包括乔纳斯·索尔克和阿尔伯特·萨宾，他们是脊髓灰质炎疫苗的发明者，这种疫苗即将被广泛使用，人们普遍认为这对控制脊髓灰质炎将起到十分积极的效果。但是，参加这次国际会议的一名医生应该是脊髓灰质炎的无症状感染者，因此这次会议导致了我们前文中所说的席卷整个丹麦的致命疫情。

哥本哈根还没有为这次大规模的脊髓灰质炎疫情暴发做好准备，布莱德加姆斯传染病医院只有一台铁肺和六台较小的类似设备。由于之前几年这家医院只收治过10例需要体外呼吸辅助的病例，所以负责人认为他们并不需要更多这类设备。疫情来势汹汹，尽管使用了铁肺治疗，但患者死亡率仍然高达80%。在疫情暴发的前三个星期，31名病人中就有27人死于呼吸衰竭，其中19人在住院3天内就停止了呼吸。

对脊髓灰质炎的认识革命

到1952年8月时，这种流行病的肆虐已达到令人震惊的程度。平均每天都有30至50名新患者被送进医院，其中有6至12人属于重症。到1952年底，共有2722名脊髓灰质炎患者住院，多达一半患者的身体部分瘫痪或完全瘫痪，出现呼吸瘫痪的患者有349人。面对如此严重的情况，医院管理层意识到，即使购买更多的铁肺也不能解决问题，他们需要找到新的办法。

一名医生建议向医院的麻醉师咨询如何治疗呼吸系统疾病，因为他们曾在复杂的手术中帮助病人解决呼吸困难。当时担任布莱德加姆斯传染病医院技术主任的亨利·蔡·亚历山大·拉森医生并没有立刻采纳这一建议。这是因为他对麻醉师存有偏见，他认为麻醉师不能算是真正的医生，他们只是医院的技术人员，职责只是给病人注射正确剂量的麻醉剂。

但是拉森医生也想不出更好的办法，因此最后还是决定向麻醉师咨询。

8月25日，他们请来了麻醉师布约恩·易卜生，他是一位医学博士。经过长时间的思考，易卜生博士提出了一个解决方案，不仅对脊髓灰质炎的治疗产生了奇迹般的效果，而且标志着20世纪整个重症监护领域的革命性突破。为了让自己的开创性建议尽快付诸实践，易卜生博士需要改变同事们对脊髓灰质炎致死原因的基本医学观点。

在患病的最后阶段，患者通常会出现高血压，随后发烧，很快就会死亡。这些症状被解释为脊髓灰质炎的主要特征；当时的医学界普遍认为脊髓灰质炎病毒在最后阶段会攻击控制基本身体功能的关键大脑部分。但是易卜生博士不同意这个理论。

在仔细分析了脊髓灰质炎患者不同阶段的症状后，他提出，真正的死亡原因不是病毒感染的加重，而是呼吸衰竭导致的组织缺氧。他提出了一个彻底的解决方案：应该通过手术将一根导管插入患者的呼吸道，以便他们接受辅助呼吸。这种干预将使患者的组织重新获得足够的氧供应，直到恢复健康。

使怀疑者信服的成功试验

作为技术主任的拉森医生虽然对易卜生博士的方案并不信服，但还是允许他进行临床试验。1952 年 8 月 27 日星期三，易卜生博士选择了一个病得很重的 12 岁女孩。她是一天前刚刚入院的，四肢都因为脊髓灰质炎而瘫痪，呼吸困难，出汗严重，皮肤发紫，高烧 40 摄氏度。易卜生博士指示一名外科医生在进行局部麻醉之后将一根导管插入她的气管，然后在导管的末端接上一个橡胶球囊。

当易卜生博士开始挤压球囊向女孩的肺部注入空气时，一开始的情况看起来并不好。这个女孩似乎随时都有可能死去。观察治疗过程的医生们失去了信心，开始陆续离开房间。但后来易卜生博士给这个女孩注射了一种药物，使她停止自主呼吸，这样就能更容易地通过球囊把空气注入她的肺部。经过这一措施，女孩的体温和血压都降下来了，她的皮肤也逐渐恢复了正常的颜色。她成了第一个在脊髓灰质炎疫情期间通过这种开创性的方法挽回生命的病人。直到今天，这种辅助呼吸的方法仍然是重症监护的基础措施。

为了说服怀疑者，易卜生医生又给这个女孩接上一台铁肺设备，事实很快使在场的所有人相信，这种人工呼吸机的负压系统无法达到刚才通过球囊注入空气的效果，铁肺并不能为受损的器官提供足够的氧气。易卜生博士通过实验证明，辅助呼吸系统需要插入导管、暂停自主呼吸并且用球囊将空气稳定地注入肺部才能实现有效运转。

　　人们很快认识到，这种简单的方法可以挽救许多被脊髓灰质炎危及生命的患者。医院开始招募医科学生作为志愿者帮助进行这种治疗，由于人手不足，后来甚至还招募了一些牙科学生。采用这种全新方法治疗致命的脊髓灰质炎大获成功，一个直接成果就是患者的死亡率迅速大幅下降，在布莱德加姆斯传染病医院，患儿的死亡率从90%很快下降到只有25%。

　　这种方法获得成功的消息很快传遍了全世界，许多专家纷纷前往布莱德加姆斯传染病医院进行交流，其中包括出版过脊髓灰质炎治疗经典专著的牛津大学神经学家里奇·拉塞尔博士。拉塞尔博士后来在自己的医院对一名16岁的女学生进行了这种方法的临床试验。这个女学生没有患脊髓灰质炎，而是患有严重的神经感染，除了眼睛，其他部位都瘫痪了。拉塞尔博士勇敢地挑战了当时的医疗原则，指示一名外科医生将一根导管插入她的气管，用球囊辅助呼吸。几个星期之后，感染症状减弱了，她逐渐恢复了体力，最终完全恢复了健康。这个女学生后来成了一名护士和四个孩子的母亲。

神经毒剂如何拯救生命

易卜生博士的成功案例中有一个十分重要的细节，那就是箭毒的使用，这是一种可以使呼吸肌肉瘫痪的物质，让患者暂停自主呼吸正是这种物质的作用。

箭毒是南美洲印第安人打猎时涂在箭上的一种神经毒剂。1942年，在蒙特利尔一家医院进行的一次手术中，箭毒首次被用于医疗目的。几年后，利物浦的一名麻醉师发现使用这种神经毒素能大大减少手术中所需的麻醉剂剂量。

令人遗憾的是，导管辅助呼吸在其他严重疾病的治疗中应用得还不够广泛。这种方法本可以极大地帮助患者从很困难的手术中恢复，但许多外科医生对使用这种方法仍然持有怀疑的态度。他们担心病人手术后无法自主呼吸的状态会让人觉得他们的手术做得不够成功，所以通常会拒绝让病人使用导管辅助呼吸。但几年之后，人们清楚地认识到，呼吸功能障碍导致的氧气供应不足正是手术后并发症的主要原因，因此导管辅助呼吸不应该被怀疑。

1953年，医学博士、麻醉专家布约恩·易卜生在哥本哈根建立了世界上第一个永久性的重症监护室。他最先提出并投入临床使用的辅助呼吸系统至今仍被认为是强化治疗的关键设备之一。辅助呼吸可以帮助重症病人度过最糟糕的阶段，帮助他们的身体与病魔做斗争，并帮助恢复所有正常的身体功能。氧气对人体生理的重要性至少在200年前就已经广为人知，但直到1952年哥本哈根脊髓灰质炎疫情流行期间，氧气在保护重症病人生命方面的关键作用才得到最终的证实。

今天，脊髓灰质炎仅在巴基斯坦、阿富汗、尼日利亚等极少数几个国家流行，其他所有国家都成功地通过系统的疫苗接种计划根除了这种疾病。极少数国家禁止疫苗接种，甚至有些宗教团体宣称接种疫苗的医务人员是国家的敌人，这都是不应该存在的误解。

好的治疗结果能证明治疗方法有效吗

    1993年，著名医学杂志《柳叶刀》发表了一项有趣的研究结果。研究人员将28169名已故美国华裔的健康数据与412632名美国白人进行了比较，结果发现，在美国华裔中，出生年份和所患疾病在中医和占星术中被认为是"不吉利"的人的平均寿命要比美国白人短几年。经过进一步的分析，研究人员发现这个注定"不吉利"的群体预期寿命的差异与他们对中国传统的热爱程度似乎很有关系。因此研究人员猜测这些美国华裔的寿命不是受到自身基因的影响，而是与他们的中国信仰有关。

放松和压力反应

    哈佛大学医学教授特德·J.卡普特查克是医学院安慰剂项目的主任，他的大部分工作都是研究安慰剂效应。为了更好地理解基于安慰剂效应的替代疗法，他曾尽可能深入地学习过中医和针灸。他的结论是，当涉及健康问题时，治疗者为了目的可以不择手段，最重要的是治愈疾病或保持健康，而不是我们具体怎么做。如果我们能用一种替代疗法来激活人体内在的治愈机制，而且确实有效，那我们为什么不这样做呢？

卡普特查克认为，针灸的核心不在于针和它们刺入人体的方式，而在于病人和治疗者之间的关系。这种关系能够触发病人体内完全属于生物化学范畴的内在治愈机制，或者相反，如果治疗者对病人和自己之间的关系关注不够，这种可以产生实际治疗效果的治愈机制就不会起作用。有研究表明，无论是由对人体所谓的"能量经络"了如指掌的专业针灸师实施针灸，还是由对经络一无所知的人将针扎进人体，只要病人相信所做的这些事情有助于他们的痊愈，针灸都会产生治疗效果。

1975 年，哈佛大学心脏病学家赫伯特·本森将这种以针灸为代表的人为刺激安慰剂效应命名为"放松反应"。从生理学上讲，这种反应与几十年前医学界所描述的"压力反应"相反。二战之前几年，匈牙利裔加拿大内分泌学家汉斯·塞尔耶首次将"压力"这一术语引入医学。塞尔耶发现人类和动物对实际或潜在的伤害和疾病都有一种典型的身体反应，不管导致危险的原因是什么，都是通过触发相同的机制产生反应，进而影响整个身体。在这个机制中，大脑会与肾上腺合作，触发激素分泌，使身体进入警觉状态。简单地说，塞尔耶所提出的医学范畴的压力就是血液中皮质醇水平的增加。

在人体对潜在的危险和有害环境的快速反应系统中，压力是一个很重要的组成部分。对生活在自然环境中的动物来说，压力对生存至关重要，因为它会触发身体的战斗或逃跑反应。当动物面对生死攸关的问题时，必须把所有的精力和注意力都集中在它们尚能避免糟糕结局的那几个瞬间，因此是否能迅速做出正确反应直接决定了生存的机会。人类也是一样，当我们面对危险时，为了使整个身体更有效率，大脑

会临时关闭一些可以暂时忽略的任务。比方说，当我们正在躲避棕熊的追赶时，我们的消化系统会减缓或暂停几分钟，以便让更多的血液流向肌肉，与保命相比，消化的快慢真的无关紧要。在特定情况下，大脑还会暂时关闭我们的免疫系统和其他至关重要的生理机制。

当压力被激活时，我们相当于进入了"生存模式"，许多对身体很重要的机制都会被暂时关闭，这有点像手机的省电模式，除了必需的手机功能之外，其余的后台任务都将被关闭。这些机制主要是内在治愈机制，包括延缓衰老、治愈损伤、保护我们免受感染等等。如果压力一直持续，变成长期状态，这些内在治愈机制将变得越来越不活跃，然后导致疾病乘虚而入。

安慰剂效应和反安慰剂效应的力量

我们常常没有意识到自己的情绪状态对身体会产生多么大的影响。这种影响可能有好有坏，取决于情绪触发的机制。即使我们只是想一下未来的潜在危险，大脑中枢的某个部分也会在我们没有意识到的情况下本能地做出反应，并触发特定的防御机制。但大脑中枢并不能判断危险是什么，也不能确定危险是否真实存在，无论我们是遇到了狮子，还是刚刚得知了一些坏消息，它都会下达这样的指令。

1961 年，美国医生沃尔特·肯尼迪提出了"反安慰剂效应"这一概念，它就像安慰剂效应的邪恶的孪生弟弟。这个术语用来描述心理暗示和精神状态的危害，例如一个人如果确信某件事不会有效果，那么这件事就会真的对他没效果，尽管同样的事情对别人有效果。医生们非常清楚这种现象，一些人仅仅是对怀疑患有的疾病了解一下，就可能对其实很健康的身体产生真正的影响。平均而言，超过四分之三的医科学生都会在临床报告中描述病人某种特定疾病的症状，原因仅仅是他们一直在研究这种疾病。

医学博士莉萨·兰金在 2013 年出版的专著《心灵胜于医学：科学证明你可以治愈自己》中强调，我们的精神立场、心理状况以及对生活的态度会对我们的身体产生影响是科学事实，医学上不应该忽视这一点，也不能带有偏见地认为这只是使用替代疗法的治疗者故弄玄虚。兰金认为，医生有能力触发病人的安慰剂效应或反安慰剂效应。如果医生不相信某种治疗方法或药物会起作用，病人就会凭直觉感觉到，而这种怀疑会加剧反安慰剂效应，导致实际的治疗效果下降。

医生采取何种方式解释疾病及其可能的结果会对病人和治疗过程产生直接影响。兰金在这本书中广泛分析了关于思想和感觉如何影响我们健康的科学研究。她建议医生在与病人打交道时应该更多地意识到这一点，并认真考虑这一点。此外她还指出，放松反应和触发内在治愈机制都不应被视为与现代医学相矛盾的东西，反而要加以鼓励。科学证明，安慰剂效应和反安慰剂效应都是有效治疗方法的重要组成部分，病人对医生和药物的主观上的看法对治疗过程和效果非常重要，人们应该支持这种观念。但与此同时，人们也要有意识地主动接受药物、疫苗接种以及其他对健康很重要的医疗程序。一味拒绝常规的医学治疗方法和药物是放松反应和替代疗法支持者经常会犯的一个严重错误。

虽然我们不能用思想的力量来改变我们的基因，但在一定程度上，我们确实可以影响基因的表达。许多外部因素，例如营养摄入、生活环境、身体活动，甚至思想和感觉，都可能对调节蛋白产生影响，而正是这些调节蛋白决定了某些基因是否会表达，以及表达的方式。因此，"基因决定论"一词被赋予了新的含义。

事实上，单个基因突变导致的疾病并不多，单个基因突变引发的通常是退行性变性疾病，包括囊性纤维变性症和亨廷顿舞蹈症。囊性纤维变性症在白种人中间是一种很常见的致命性隐性遗传病，大约每30人中就有1人是致病基因携带者，不过只有当父母双方都将有缺陷的基因遗传给子女时，后者才会发病。但这种直接而显著的基因决定论例子非常罕见，越来越多的研究表明，基因组对细胞环境的依赖远远超出了科学家们最初的预期，也就是说，后天的身体环境对先天遗传的基因的影响比我们所认为的要大得多。

是什么在帮助医生做决定

在处理概率信息时，人们往往会产生完全是误导的直觉反应。当我们考虑某件事情发生的可能性时，通常不会做出从长远来看对我们有利的反应。对人类来说，理解和考虑那些肯定会发生的事情，要比考虑那些介于绝对肯定和完全不可能之间的结果容易得多。

在医学上，每一种治疗方法和步骤都有成功或失败的概率，这是毫无疑问的，但即使这是事实，我们仍然倾向于用非黑即白的方式来看待治疗。我们会直观地认为某种药物要么有用要么没用，某种医疗程序要么有效要么无效，然而其中实际的可能性远不是我们想象的那么简单。

即使是科学领域的专家也会受到我们通常的直观简化倾向的影响，因此医生们开发了一种特殊的系统来帮助他们评估各种疗法的效率。1988年，三位流行病学家安德烈亚斯·

劳帕希斯、大卫·萨克特和罗宾·罗伯茨发明了这种通用评估系统。世界各地的医生们现在每天都会用它来做决定，因为它相当简单，而且很有效，病人和普通大众也都可以使用。

想象的风险评估

这三位流行病学家建议，个体治疗的有效性可以通过评估最少需要多少个病人接受一种疗法才能确定有一个病人因此被治愈来衡量。这个指标被称为 NNT，它的最低值是 1，表示有一个病人接受某种治疗之后就被治愈了；如果治疗 10 个病人后才能确定 1 个病人是被这种疗法治愈的，那 NNT 就是 10。

我们经常把药物视为在任何情况下都能帮助任何病人的神奇疗法。事实上，药物的效果远没有那么好。NNT 通常都会达到两位数甚至三位数，也就是说几十甚至几百个接受某种治疗的病人中只有一个人确定是被这种疗法治愈的。如果我们只是服用了某种药物并最终有所好转，这并不意味着一定就是药物治愈了我们。

在药物的 NNT 评估中，如果在未来一年罹患心脏病的风险是 10% 的 100 名实验病例服用一种新药后，这一风险降低到了 6%，那么这种药物理论上可以将罹患心脏病的风险降低40%。这种降低已确定的有害后果的药物作用被称为"相对风险降低率",制药公司在推销产品时往往喜欢引用这个数字。但是,相对风险降低率远远不能作为一种标准指标来判断药物是否适合每个患者。例如另一组100名实验病例罹患心脏病的风险是0.1%,而这种药物可以将风险降低到0.06%,那么罹患心脏病的风险也降低了40%,也就是说相对风险降低率仍然是40%,但他们不太可能纯粹为了预防这种低概率的风险去服药。在第一种情况下,这种新药将罹患心脏病的风险从10%降低到6%,也就是降低了4%即1/25的患病率,换算成NNT就是25,表示每25个服药的病人中有1个能被有效治愈。在第二种情况下,相对风险降低率也等于40%,但实际降低的患病率是0.04%即1/2500,因此NNT为2500,这意味着每2500个服药的病人中有1个能被有效治愈。由此可见制药公司宣传的相对风险降低率其实是很片面的数据。

常常有人建议老年人每天服用半片阿司匹林,可以降低罹患心脏病和冠状动脉疾病的风险。一个医学研究小组专门进行了一项持续的临床试验,结果证明,2000个普通老人服用阿司匹林2年,只能有效预防1例心脏病发作,因此,连续服用2年阿司匹林预防老年人心脏病和冠状动脉疾病这种疗法的NNT为2000。当然,这并不意味着其他1999人都没有出现这方面的问题。这项研究还表明，无论是否服用阿司匹林，平均每年都有3.6人会心脏病发作，而其他病例即使从不服用阿司匹林，也不会罹患心脏病。因此，对参加临床试验的大多数人来说，是否服用阿司匹林对他们罹患心脏病的风险完全没有影响，这与NNT的指示一致。

不幸的是，没有人能事先知道自己属于哪一类。谁都可能属于幸运的那些人。如果药物是安全的，没有副作用，那么在没有任何实际需要的情况下服用药物也是可以接受的，即使我们并不确定药物的好处。

除了NNT之外，还有另一个指标，用来表示最少需要多少个病人接受一种治疗才能确定有一个病人因此产生严重的不良副作用，这个指标被称为NNH。临床试验的结果显示，在一些治疗中，NNH与NNT常常很接近，甚至更高，这意味着药物对目标病人群体的危害会大于益处。每日摄入阿司匹林引起大量内出血的NNH为3333，也就是说，每天服用阿司匹林，连续服用2年的3333个实验病例中，肯定会有1个人会因为服用阿司匹林导致内出血。

美国医生大卫·纽曼创建了一个NNT团队，他们分析研究了许多常见的诊断和疗法的NNT，希望帮助人们通过了解它们目前的有效率和潜在副作用的信息来做出判断，这些信息可以在 www.thennt.com 这个网站上找到。

这个网站在许多疗法的介绍中都提到了所谓的地中海型饮食，主要包括水果、蔬菜、坚果和橄榄油，还有鱼、家禽，以及少量的奶制品、肉类和甜点。对于没有心脏病的人来说，如果他们坚持 5 年地中海型饮食，罹患心脏病的 NNH 将为 61；对于患有心脏病的人来说，NNT 将为 30。现有的研究结果显示：每 30 个病例中平均有 1 个无论有没有遵循地中海型饮食习惯，都会在 5 年内不幸死于心脏病；有 28 个病例无论有没有遵循这种饮食习惯都能存活；但确实有 1 个人因为坚持这种饮食习惯而幸免死于心脏病。

未来在于个性化医疗

过度使用抗生素是目前很常见的一种现象。医生在治疗儿童耳部感染时通常会使用抗生素，主要是为了防止潜在的并发症。但有研究表明，这种使用抗生素的疗法的 NNT 几乎倾向于无限大，这意味着让耳部感染的儿童服用抗生素几乎没有任何效果。研究结果还表明，服用抗生素并不能在第一次服用后的 24 小时之内缓解耳部疼痛，而是需要 2 到 7 天的时间才会带来实质性的缓解，在这种情况下，NNT 是 20。

抗生素可能会产生某些副作用，包括呕吐、腹泻和皮疹，这些副作用的NNH在14左右。当父母知道孩子会出现这种症状时，他们很少会选择抗生素治疗。现在的儿科医生通常会建议在治疗的第一阶段进行观察和止疼治疗，让孩子推迟使用抗生素，直到确实需要抗生素治疗的时候。在某些较严重情况下，即使考虑到抗生素可能带来的副作用，使用它们仍然是有必要的。

在考虑某种疗法的NNT时，我们必须牢记一点，临床研究的结果并不总是能反映现实世界中发生的情况。当一种药物被更多的病人更频繁地使用时，它的NNT就会增加，但NNH却保持不变。这意味着这种药物产生积极影响的可能性倾向于减小，而副作用的风险仍然不变。

美国政府为一个研究项目增加了一笔资金，该项目旨在提高个体治疗的NNT，研究方向是具有哪些特定遗传易感性和生理机能的人群会从哪些特定的药物和疗法中获益最多。如果能确定这种关联，个性化医疗就有可能实现，那么无论是在控制副作用方面还是在经济成本方面都会更有效率。

安慰剂效应及其原理

在手术或受伤后，如果我们服用止痛药，就会感觉好一些，疼痛感也会减轻。但是在缓解疼痛的过程中，有一个非常重要的角色，那就是我们对药物会起作用的期望。即使我们服用的药物中不含有效成分，我们也会感觉好一些。这种不同寻常的现象被称为安慰剂效应，指的是药物本身对病人并没有实际帮助，但病人认为治疗会起作用的信念可以缓解症状。

为了研究我们控制疼痛的内在机制，研究人员在1978年对接受牙科手术的病人进行了一项有趣的实验。参与这项研究的医生对安慰剂效应的触发机制并不感兴趣，相反，他们关心的是如何消除安慰剂效应。一些病人在接受手术前服用了真正的止痛药，而另一些人服用的是不含有效成分的安慰剂。结果很明显，一些人出现了安慰剂效应。但几个小时后，每个人又都服用了额外的药物，其中一些药物含有一种抑制人体释放内啡肽的物质，而内啡肽是一种天然的止痛药。

实验结果表明，服用这种抑制剂的病人全部失去了安慰剂效应。研究小组因此得出结论，安慰剂效应实际上是身体释放更多缓解疼痛的化学物质的一种自然机制。这项实验代表了安慰剂效应生理学研究这个日益活跃的学科分支的一个重要里程碑。

20世纪70年代，研究人员证明条件反射可以影响大鼠的免疫系统。他们给大鼠饮用混合了抑制免疫系统药物的甜水，这种药物通常用于器官移植，以防止病人的身体产生排异反应。研究人员发现，一旦大鼠产生甜水与免疫反应减弱的条件反射，即使再让它喝不含药物的甜水，它的免疫力也会下降。

科学家目前正在人类身上进行类似的实验，他们试图通过在味道或气味强烈的饮料中添加抑制免疫系统的药物来让病人产生条件反射，并且在患有自身免疫性疾病、过敏和帕金森病的病人身上取得了许多成功。这种方法适用于减少器官移植病人摄入的抑制免疫系统药物的剂量，因为这种药物本身是危险的，最好尽可能地减少服用。

安慰剂效应的遗传学

多巴胺是负责神经元之间信息传递的分子之一，也是动物大脑中的奖励系统。当我们的大脑释放多巴胺时，我们就会感到快乐和满足。通常情况下，当一些让我们感到愉快的事情发生，以及值得记住和重复的事情发生时，我们都会体验到这种情绪。但与此同时，我们的身体也必须确保这种满足感不会持续太久，否则它就可能会失去意义，并且影响到这种情绪与触发它的因素之间的联系。简单来说，如果快乐和满足太频繁或太持久，那就会失去其本身的意义。因此我们的身体不仅会在适当的时候释放多巴胺，也会在适当的时候释放出一种酶来清除多巴胺。

儿茶酚–O–甲基转移酶是一种特殊的酶，英文简称为COMT，主要功能是灭活儿茶酚胺类递质，它可以将多巴胺从活性形式转化为非活性形式。COMT有两种存在形式，其中一种比另一种更有效。人体中哪一种COMT占主导地位取决于从父母那里遗传来的基因。如果你从父母那里获得的是更有效的COMT，那你的大脑就会比那些由相对不那么有效的COMT主导的人更快地忘记刺激。不过大多数人体内的COMT都是两种形式的组合。

研究人员针对COMT进行了一些实验，结果COMT活跃性较低的人更容易受到安慰剂效应的影响。当然，这对他们来说也是个好消息，因为这意味着他们的内在治愈机制更容易被激活。安慰剂效应中的基因决定论是一个新发现，对制药行业来说非常重要。预测什么样的人更容易受到安慰剂效应的影响，什么样的人更不容易受到影响，这对药物测试的程序将产生指导性的意义。通常来说，每一种新药投入临床使用之前都必须证明其疗效明显优于安慰剂。如果科学家能够提前判断一个人是否更容易受到安慰剂效应的影响，那么这个人就不会被纳入实验对象。这可以大大降低临床研究的成本，因为实验可以在范围更小而准确度更高的受试者样本中进行。

安慰剂效应带来的麻烦

1946年，耶鲁大学的统计学家 E. 莫顿·耶利内克解决了药物测试中的安慰剂问题。耶利内克当时正试图确定一种头痛药物的疗效，它含有三种活性物质，其中一种很难获得，制药公司想知道如果缺少这种物质，药物在短期内是否仍然有效。

耶利内克将199名头痛病人分为4组进行了单盲试验，他们都服用了看似相同的药片。其中一组服用含有所有三种成分的药物，另一组服用完全不含有效成分的药物，另外两组则服用含有不同成分组合的药物。每隔两周，各个组的病人就会更换服用药片的类型。几个月后，所有病人都尝试了所有类型的药物。

实验结果显示，199名病人中有120名的安慰剂效应与药物的实际效果相同，对他们来说，吃什么药并不重要，但对制药公司来说，这无疑是安慰剂效应带来的麻烦。其他79名病人的实验结果表明他们需要的正是制药公司想要排除的成分。

耶利内克的研究开启了一个对现代药物测试产生重要影响的趋势。药物测试需要证明药物实际上比安慰剂更有效，这当然是有道理的，但不幸的是这个原则也导致安慰剂效应受到诟病。耶利内克的实验表明120名病人患有的是"心理头痛"，而不是生理疾病引起的头痛，但他们身上的安慰剂效应使药物测试无法得出可靠的结论。

安慰剂是一种天然疗法

几十年来，安慰剂效应一直被认为是一种奇怪的心理反应，只会让药物测试变得更加困难。但在科学界，这种看法正在改变。对安慰剂效应的生理学研究表明，它实际上是一种很重要的自然系统，有助于维持健康。

安慰剂产生的生理作用可以解释替代疗法中许多成功的故事。替代疗法的原理是依靠不同形式的暗示，刺激病人的身体开始产生特定的化学物质，可以促进愈合或保持健康。事实证明，替代疗法在一定条件下是有效的，这一点毫无疑问，通过治疗者的暗示，病人处于休眠状态的内在治愈机制会被激活，从而达到治疗效果，因此没有理由继续固执地质疑替代疗法。

当然，替代疗法的前提是安慰剂效应对病人一定不能有害。如果病人盲目相信自己的替代疗法而拒绝传统治疗，服用那些夸大效果、价格昂贵而且可能具有潜在毒性的混合药物，很可能会给自己带来危险。然而有一个事实也不容忽视，那就是不管替代疗法使用的所谓混合药物是什么成分，安慰剂效应触发的内在治愈机制都是非常有效的。最重要的是病人真的相信治疗的有效性，正是这种信念使病人体内释放出能产生实际疗效的物质。

食物：不仅是好坏之争

　　19世纪中期，德国化学家尤斯图斯·冯·李比希男爵发明了历史上第一种工业化制备的婴儿配方奶粉，据说这种奶粉含有足够的营养成分，可以成功地取代母乳。尽管他的配方被当作"完美的一餐"来宣传，但事实很快证明，母乳并没有看起来那么容易复制。李比希的配方缺乏一些关键成分，例如维生素，当时的人们还没有认识到这些成分的营养价值。

　　随着时间的推移，婴儿正常发育所需的已知营养物质的清单变得越来越长。20世纪70年代，人们认识到欧米伽-3脂肪酸的重要作用。2006年，化学家布鲁斯·杰曼和他的同事们在母乳中发现了另一个有趣的特征。

　　尽管听起来好像很奇怪，但母乳中确实含有婴儿无法消化的物质，其中包括一种被称为母乳低聚糖（HMO）的复合糖，它构成了母乳的第三大主要成分。由于科学家没有发现

HMO 从婴儿的消化系统通过会带来什么明显的好处，所以它为什么会出现在母乳里尚不清楚。

有害的蛋白质和有益的碳水化合物

布鲁斯·杰曼提出了一个假设，HMO 的存在是为了给婴儿消化系统中的一些细菌提供食物。杰曼的朋友大卫·米尔斯有一个医学实验室，于是他把母乳中的 HMO 样本送到米尔斯的实验室检查哪些细菌以这些糖为食。经过多次实验，米尔斯的团队发现了一种肠道细菌——婴儿双歧杆菌，这种细菌靠婴儿无法消化的营养物质生长。

进一步的研究表明，这些细菌形成的菌层可以阻止有害的微生物到达婴儿的肠道。因为母乳中含有大量婴儿双歧杆菌的食物，所以这些细菌大量繁殖并占据了婴儿的大部分小肠，从而阻止了其他潜在的有害细菌在结肠中发展。

科学家们多年来一直在不断发现母乳中多种不同成分的作用，这表明我们所知道的饮食计划其实很不可靠。一种饮食计划通常会声称在不同的营养元素之间取得了正确的平衡——脂肪、碳水化合物、维生素、矿物质等等。然而，用好坏来区分食物是有问题的，因为被认为有害或有益的食物成分一直在变化，例如过去被认为是有害的蛋白质现在是公认的人体必需食物。

20世纪初，科学家宣布蛋白质是我们为了保持健康需要避免的东西。最著名的蛋白质批评家是约翰·哈维·凯洛格博士。当时最常见的消化问题是便秘，凯洛格博士认为，便秘的原因是肠道细菌吃了半消化的肉。当时许多人都接受了凯洛格博士提出的邪恶的食肉细菌会产生致病毒素的观点，因此来自世界各地的人们都来到他的疗养院，希望通过他的各种技术和结肠清洁饮食计划改善健康状况。

凯洛格博士还试图改变普通公众的习惯，这些人不一定负担得起他的疗养院费用。他想用符合自己原则的饮食计划来取代传统的培根加鸡蛋早餐。他让自己的弟弟威尔·凯洛格发明了一种更健康的新食物作为早餐。威尔推出的玉米片很快成为美国人早餐的最爱，并因此大赚一笔。

最终人们发现，凯洛格博士反蛋白质和支持碳水化合物的观念存在许多问题，可以说是错误的，但他的做法——推崇某些营养物质并妖魔化另一些营养物质——却仍然在大行其道。

有害的脂肪和胆固醇

几十年前，饱和脂肪取代了蛋白质罪魁祸首的角色。20

世纪50年代，当科学家们试图找到心血管疾病患者增加的原因时，饱和脂肪便开始声名狼藉。研究发现，胆固醇是导致血管狭窄和堵塞的主要成分。人体需要这种成分，并自行产生这种成分，但问题是，当我们体内出现太多胆固醇分子时，它就会沉积在血管壁上，导致血管狭窄和堵塞，并最终导致致命的后果。

科学家们研究了世界各地许多不同民族的饮食习惯后，得出了比较全面的统计数据，证明了摄入更多的乳制品和肉制品与心血管疾病的发展之间存在相关性。他们发现，人们摄入的饱和脂肪越多，胆固醇水平就越高。20世纪70年代，新的公认的健康饮食计划出台，规定高脂肪食物不应占所有热量摄入的30%以上。新饮食计划建议人们少吃红肉，也就是猪、牛、羊肉，多吃白肉，也就是鱼和家禽，乳制品的摄入要适量。

但是肉类和奶制品的利益相关方设法把这个非常合理的建议变成了一个抽象的指导方针，鼓励人们只吃更少的饱和脂肪，弱化其中肉类和奶制品的概念。这再次意味着我们需要为了保持健康而避免某种东西，也再次需要面对一个看不到也感觉不到的抽象敌人。食品工业利用我们对健康饮食的渴望，推出了一系列含有更少饱和脂肪的产品，然而其中添加了更多的糖和其他成分，这些成分可能比饱和脂肪更有害。人们摄入高脂肪食物的总量确实在随着时间的推移而减少，但同时碳水化合物的摄入量却在急剧增加。

食品工业开始大量使用被称为反式脂肪的工业加工植物脂肪，因为它们更便宜，保质期也更长。但从20世纪90年代开始，人们发现反式脂肪对人体的影响比饱和脂肪更糟糕，可以说非常有害。今天绝大多数食品都会标注完全不含反式脂肪。从反式脂肪风行数十年这一事实来看，建议人们少吃饱和脂肪其实弊大于利。

健康饮食的秘诀

营养学家迈克尔·波伦出版过许多关于健康食品的书，他强烈反对将食物简化为一份平衡的化学成分清单的健康饮食方法。他将这种把食物理解为其组成分子或营养素总和的机械方法称为营养主义，例如胡萝卜被视为一定量的β-胡萝卜素、维生素、纤维和糖。这些化合物被视为胡萝卜所能提供的一切。为了保证健康的饮食，一个人需要按图索骥摄取足够的膳食成分，这就是当今营养主义专家所定义的健康。

营养主义是一种思考方式，关注的是平衡食物的各种营养或成分，并认为人们的一日三餐就是要按计划摄取各种营养物质。使用这种方法，像吃饭这样简单的事情变得非常复杂。营养主义在很大程度上是由食品工业推动的，食品生产企业往往会吹嘘他们从食品中去除了有害成分，添加了有益成分。添加维生素和去除脂肪是制造符合目前健康食品标准的产品最流行的方法。

营养主义的主要问题不在于它将食物视为某种营养物质的载体，而在于我们无法看到或感受到食物中的这些成分，例如我们在吃胡萝卜的时候很难真实地感受到自己摄入了多少毫克的 β-胡萝卜素。人们都相信专家已经正确地确定了健康饮食所需的营养成分和含量，但在购买食品时，消费者还是应该认真阅读配料表和含量分析。

波伦在多年的健康饮食研究中总结出了一个简单的原则，这个原则可以避免提到任何一种具体的营养物质——该吃就吃。别吃太多。多吃植物。

为什么甜点会留在最后

当一件事情变得司空见惯而且会重复多次的时候，我们肯定会用一种一以贯之的方式来做这件事情。习惯的力量如此强大，我们甚至会觉得自身最根深蒂固的习惯其实是一种与生俱来的、注定的东西。尤其当我们做饭和吃饭的时候更是如此。许多人会惊讶地发现，上菜的顺序和现在欧洲人普通饮食中的各种口味组合都起源于 17 世纪中叶。正是在那个时期，欧洲的富人阶级对他们的饮食习惯做出了重大改变，这些习惯直到今天都被认为是理所当然的。关于消化系统如何工作和健康营养真正含义的新科学理论促使人们改变了已有的饮食习惯。

自然是一个大厨房

自古以来，人们就意识到健康在很大程度上取决于他们所摄入的食物。在中世纪鼎盛时期和文艺复兴时期，有一种规则将个人健康定义为人的体液以适当比例共存的状态。食物是维持身体平衡的一个重要因素，因为当时的医生几乎没有其他方法。当一个人病得很严重时，他们会通过放血来恢复体内液体的平衡。然而，只有富人阶级才负担得起这种治疗，也只有他们才有可能遵守当时被认为是健康营养的原则。

以《希波克拉底文集》、亚里士多德的论文和盖伦的理论为基础的古代传统医学认为，消化过程就是食物在人体内被煮熟。就像在大自然中太阳使地球变热，然后植物开花结果

亚里士多德（AI模拟画像）

一样，人们认为人体内部的火焰会进一步"烹煮"摄入的食物，直到它们转化为体液，而残渣则以排泄物的形式被排出体外，成为土地的肥料被植物吸收，如此自然循环。

整个宇宙就像是一个大厨房，其中自然的火焰促进了生命的生长和物质的循环，而人体就像是这个宇宙厨房的缩小版，体内的火焰烹煮着摄入的食物。根据自然和人的这种模式，医生给病人的最常见的建议是烹煮食物的时间尽可能长一些，以确保他们的消化机制承受的压力更小，同时应该摄入平衡的食物。当然，这种平衡要根据当时的营养分类方式来衡量。

四元素说

亚里士多德创立的四元素说认为世界是由水、气、火、土组成的，每种元素都有各自相应的特征，水又冷又湿，气又热又湿，火又热又干，土又冷又干。人们按照水、气、火、土的特征对食物进行了分类，例如，胡椒粉被归入火，而甜瓜、蘑菇和鱼则被归入水。由于人们认为人体在理想情况下应该是温暖和湿润的，所以饮食也应该有相应的规划。健康的饮食意味着摄入的食物要尽可能接近身体中各元素的理想比例。

理想的饮食被认为是温热的、相对松软的粥，因为它包含了对人体有益的食物的所有特征。有趣的是，根据当时的原则，生蔬菜被认为是不健康的，只适合作为穷人的食物。另一方面，人们认为糖是一种非常健康的营养物质和理想的食品添加剂，也在药店里销售。因为糖的售价相对较贵，所以通常会被妥善保管，甚至会被锁在厨房里。

新的科学，新的食谱

在17世纪，欧洲富人阶级的饮食经历了重大改变。人们的营养观念发生了变化，提出了很多关于健康饮食的建议。科学史家蕾切尔·劳丹对科学、医学和营养学之间的关系进行了研究，她在自己的著作和论文中提出了一些令人信服的观点。她发现，1650年前后欧洲富人阶级饮食习惯发生的变化，在一定程度上是新的科学发现所导致的。这些变化的主要原因是有关人类消化系统如何工作，以及在自然界中一种物质如何变成另一种物质的新的科学理论。早期的学者在很大程度上认为自然界和人体的消化过程类似于烹煮，而17世纪的学者则开始把发酵看作关键的自然现象。用最浅显的专业术语来说，发酵是碳水化合物（例如糖）转化为酒精和酸的化学过程。例如葡萄酒、啤酒和醋就是通过酵母发酵制成的。随着乳酸菌的发酵，牛奶变成了酸奶。面包在烤箱中变得蓬松的秘密也是发酵，加热时释放出的二氧化碳使面团发酵，并使烤好的面包具有典型的中空多孔结构。

舌尖上的化学

几个世纪前，一些学者利用发酵和蒸馏分离植物中的某些关键成分，以寻找新的具有药用价值的物质，他们的研究领域在今天被称为化学。由于在自然界中也存在发酵现象，因此人们很快确立了一种新理论：人类的消化过程不是把食物放进胃里烹煮，而是让食物发酵。

食物分类很快也按照新的消化理论进行了调整。亚里士多德的四元素说被一种基于纯物质的新理念所取代，这种理念在当时首次被引入化学领域，包含三种典型物质，分别是盐、油和水银。不过这三种物质不能用这三个名词的现代意义来理解，只能从化学的角度来解释，也就是这些物质在发酵和蒸馏过程中所表现出的形态。当时的化学家发现，蒸馏中的物质通常分为三种：挥发性液体（水银）、油性物质（油）和固体残留物（盐）。

糖变成了毒药

"油"是指那些在沸腾过程中不会蒸发的物质，而酒精则被归为具有挥发性的"水银"这类物质。在厨房里能找到的食物中，黄油、猪油和橄榄油是最接近"油"的物质。除了普通的食盐以外，面粉和类似的固体物质也属于"盐"这类物质。"水银"这类物质的典型代表是醋、酒和其他酒精饮料，以及某些口味的肉和鱼。随着人们对食物进行新的分类，油变得尤为重要，成为各种酱料的关键成分。新的食物分类系统导致人们在饮食习惯方面产生了显著的变化。

至于糖，医生们开始意识到它远不像人们过去所认为的那样具有理想的营养。例如，他们发现，糖会破坏牙齿，而且在后来被定义为糖尿病的患者的尿液中也能发现糖。根据新的营养成分分类，糖不再被认为是理想的食物，事实上，一些医生几乎把它视为毒药。这就是为什么在过去的几个世纪里，我们的主食中不再含有过多的糖，而甜点只会留在最后少量食用。

生态与进化

盖娅假说

想象一下，你是一个为银河系的皇帝服务的宫廷科学家。有一天，皇帝决定进行一次人口普查，并向他的银河帝国征税，所以命令你建造一台机器，用来远距离评估某个星球上是否有生物居住。这台机器将使皇帝的特使们的工作变得容易得多，因为他们的航天器只需要降落在有生命的星球上，没生命的地方就不用去了。你接到这个命令会怎么做？

如何发现另一个星球上的生命

1961年，英国科学家詹姆斯·拉夫洛克在为美国国家航空航天局（NASA）的行星探索计划开发科学仪器时，也面临类似的问题。当时NASA启动了一个海盗计划，包括发射两个太空探测器到火星上，拉夫洛克的任务是设计用来搜寻火星上生命的探测器。拉夫洛克的团队知道，探测遥远星球上生命最简单的方法就是分析这个星球大气气体中的化学成分，而气体的光学特征可以在这个星球发出的光中找到。那么火星大气中某些气体的比例真的能说明火星上是否有生命吗？

拉夫洛克首先试图通过从远处观察地球来做出一些有用的推论。"皇帝的特使"能从远处看出地球上有生命吗？当然可以，因为地球的大气中富含氧气，比例超过了20%。

氧是一种非常活泼的化学物质，很容易与其他物质形成化合物，在宇宙中一般不会大量单独存在。地球大气中的氧气与其他物质结合形成有机化合物所需要的是火，其过程就是我们称为燃烧的化学反应。我们每天都能看到这种现象，例如当我们打开煤气炉点燃天然气时，天然气主要由甲烷组成，它与氧气结合时产生的反应会释放出我们用于烹饪的热量。

每个人都知道只需要一个小火花就能点燃煤气炉里的天然气，但我们该如何解释地球大气中除了氧气之外还含有大量甲烷气体的事实呢？为什么两种气体没有像我们每天用煤气炉做饭那样结合成更稳定的东西呢？如果地球上没有一个持续而强大的氧气来源，我们的大气层在仅仅几百万年后就会变得没有氧气。所有的氧都倾向于和其他分子结合形成更稳定的化合物，这是我们周围一直在发生的事情。

生命能调节行星的环境吗

大气中氧气的主要来源是生物，植物和许多微生物通过光合作用向大气中释放氧气。因此，一颗行星的大气含有大量氧气，是这个行星上存在生命的良好指标。对于一个星球来说，不包括生物在内的地质过程本身是无法产生和维持这样一种环境的。

在拉夫洛克的评估中，由化学成分不平衡的气体组成的大气层似乎是行星上存在生命的最佳指标。我们已经知道火星的大气层比地球的要稀薄得多，密度还不到地球的1%，而且几乎完全由二氧化碳组成，还有很少的氮气和氩气，以及微量的氧气和水汽。银河系皇帝的宫廷科学家通常会认为这是一个星球上没有生命的迹象。

拉夫洛克提出的盖娅假说一直都很受关注，他曾这样描述第一次想到这个假说的那一刻：

"对我来说，盖娅给我个人的启示来得非常突然——就像一闪而过的开悟之光。那是1965年的秋天，当时我在加州帕萨迪纳喷气推进实验室大楼顶层的一个小房间里……我和同事迪安·希区柯克一起讨论我们正在准备的一篇论文……就在那一刻，盖娅在我脑海里一闪而过，我突然有了一个可怕的想法。地球的大气层是一种非常不稳定的气体混合物，但在相当长的一段时间内，它的成分一直是恒定的。难道地球上的生命不仅制造了大气，还调节了大气——使其保持恒定的成分，并使其处于有利于生物生存的水平?"

生命对地球产生关键影响的想法立刻引起了拉夫洛克的兴趣，他开始对保持地球上适合生命存在和发展条件的机制进行研究。例如，在地球刚刚形成时，太阳辐射比现在弱30%，但在地球存在的几十亿年里，地球平均温度的变化并没有人们想象的那么大。地球上所有的水既没有完全结冰，也没有完全蒸发。因此，这是生命有机体在地球的调节过程中发挥了重要作用吗?

一个被误解的比喻

在拉夫洛克更加系统地思考生物对星球状况的影响时，他曾在多个场合与同乡威廉·戈尔丁交流他的想法，戈尔丁是获得诺贝尔奖的英国作家和诗人，最著名的作品是小说《蝇王》。当拉夫洛克试图用地球化学、自动调节、行星内稳态等词语来解释他的研究时，戈尔丁觉得他应该用更简单、更直接的语言来阐述自己的观点，于是建议拉夫洛克就以盖娅这个希腊神话中大地女神的名字来命名他的假说，这就是拉夫洛克的理论被称为盖娅假说的由来。但在随后的几年里，这个名字对他的理论产生的影响看来是弊大于利。

　　盖娅假说于20世纪60年代提出，在随后的几十年里都很受关注，也受到了许多批评。许多误解就是因为它的名字，这让一些肤浅的读者误以为拉夫洛克把地球理解成了某种会主动自我调节的巨大生物。当然，我们也要注意到拉夫洛克确实在自己的阐述中使用了隐喻和拟人，而因为这些内容引起的误解应该也不完全是意外。另一方面，各种新时代先知和环保人士劫持了拉夫洛克的这个理论，并根据他们自己的意识形态需求进行了改造，这也让许多人对拉夫洛克产生了很深的误解。一些关于盖娅假说的书甚至被权威科学期刊的审稿人评为"适合放在火刑柱上焚烧"。然而，正是这些作品使人们知道了盖娅假说。

　　拉夫洛克花了大量的精力来避免不恰当的解释，他不想让自己的理论卷入新时代激进主义运动的浑水。他最初的想法是弄清楚生物是如何改变和调节整个地球环境的。盖娅假说的核心观点是生物影响着地球大气的调节，使其适合生命的存在，因此，生物在调节地球气候的过程中扮演着至关重要的角色。不过拉夫洛克的假说在多大程度上是正确的尚无定论。

盖娅的复仇

2006 年 2 月，拉夫洛克出版了一本新书，书名引人注目——《盖娅的复仇：地球为何反击——我们如何能拯救人类》。他在书中详细分析了地球当前的状态，以及一些关于如何维持地球现状的激进建议。拉夫洛克忧心忡忡地指出："世界各地的气候研究中心像医院的病理实验室一样开出了诊断结果，气候专家认为地球的身体状况很糟糕，它病得很严重，很快就会出现一种病态的发烧症状，而这种发烧可能会持续10万年。"

但是拉夫洛克提出的补救措施可能不会让推崇盖娅假说的环保活动家和其他人士感到满意。拉夫洛克坚定认为只有相信科学和技术，才能将地球从对人类造成毁灭性影响的疾病中拯救出来。他强烈支持使用原子能，并强调："这是唯一可以防止地球在10万年内生病的东西。"

大陆和海洋的起源

　　颠覆现有自然现象解释的革命性科学理论通常需要强有力的论据，才能得到科学界的认真对待。甚至即使有了确切的证据，依然需要相当长的时间才能使相关领域的专家接受一项假说。

　　大陆板块随着地壳漂移并相互碰撞，从而形成山脉、火山和地震的理论在很长一段时间里都没有得到重视，就是因为没有足够的证据。今天，板块构造理论被认为是地质学领域最重要的进展之一。这一理论也许是地球科学史上最大的一次飞跃，然而人们普遍认为提出这一石破天惊理论的人是个疯子，而不是科学家。

推动地质学革命的北极爱好者

　　1904年，阿尔弗雷德·洛塔尔·魏格纳在柏林大学获得了天文学博士学位，但是他对地球的兴趣一直比天空和星星大得多，他对地球物理学和发展迅速的气象学、气候学领域尤为关注。尽管在今天看来，他在气象学方面的成就并不突出，但他为这一领域贡献了许多新颖的观点和方法，并编写了一本教材，这本教材在德语地区长期被认为是气象学的基础著作。魏格纳对格陵兰岛一直非常着迷，在艰苦的科学考察生涯中，他经常造访格陵兰岛，在那里用气象气球跟踪北方气团的运动。

魏格纳钟爱格陵兰岛还有一个原因，他希望那里独特的地形能证实他不同寻常的假设，也就是地球上的大陆缓慢而持续地移动着。1910年，他在给未婚妻的信里写道："南美洲的东海岸和非洲的西海岸简直是天造地设的一对，它们完美匹配，似乎曾经是一体的，不是吗？我必须仔细研究这个想法。"从那时起，他不断地设法寻找证据来支持自己的奇特理论。

1911年秋，魏格纳在马堡大学查阅资料时，无意间发现了一篇关于化石的科学论文，地质学家在地球不同的地方发现了一些相同的化石，但这些地方是被浩瀚的海洋隔开的。科学界的传统观点认为，这种情况是因为地球上原本存在大陆桥，动物们通过大陆桥跨越海洋，但这些大陆桥后来因为海平面上升而不复存在了。然而魏格纳对这些相同的化石却另有解释，他认为这些化石之所以相同，是因为地质学家搜集到它们的那些远隔重洋的大陆之间曾经距离很近。

相隔遥远的海岸线形状互相契合，相隔遥远的化石的一致性，这些证据使魏格纳确信地球上的大陆曾经是一个整体的大陆板块。随着时间的逝去，这块巨大的大陆后来分成了几个部分，而且这些部分现在依然持续向各个方向移动着，欧洲正在远离美洲，其他大陆之间也正在互相远离。魏格纳将这块巨大的"原始大陆"命名为盘古大陆，这个理论的另一证据是如果把那些相隔遥远的山脉连在一起，在盘古大陆上就是连贯的。许多采矿活动中的发现为魏格纳的观点提供了额外的支持。

魏格纳在1915年出版的《海陆的起源》一书中详细阐述了大陆在地球表面漂移的观点，后来他不断对这本书进行修订和更新，在去世前完成了新版本。然而很遗憾，那个时代的科学家们很难接受地表正在移动的观点，主要也是因为魏格纳无法解释大陆在地表移动的动力原理。

魏格纳经常用破冰船通过冰冻的海面来类比大陆移动的过程，他认为是地球的自转推动了大陆的移动，但他并没能说服同领域的权威人士。一位地质学家曾仔细计算过，足以移动大陆的离心力太大了，甚至会导致地球在不到一年的时间内停止自转。另一个问题是魏格纳最初使用的数据有误，故而得出的结果实在令人难以置信，例如他计算出欧洲和北美洲以每年250厘米的速度分开，这比多年后精确的测量结果快了100多倍。

长眠格陵兰岛

第一次世界大战期间，魏格纳应征入伍，并在前线服役了一段时间，后因轻伤调往陆军气象部门工作。战争结束后，他重返马堡大学，但他对自己的职业前景感到失望。1924年，魏格纳接受了格拉茨大学气象学和地球物理学教授的职位。1930年，他又一次开始了格陵兰岛的探险之旅，然而不幸的是这一次再也没有回来。

当时格陵兰岛上的天气极其寒冷，但他还是和一位朋友一起去寻找一群需要救援的同事，他们在格陵兰岛冰盖中央扎营，食物已经快耗尽了。魏格纳艰难跋涉，终于抵达营地，带去了新鲜的补给。休整了几天之后，魏格纳决定返回大本营，11月1日他离开了营地。次年5月，另一支探险队在格陵兰岛的冰天雪地里发现了魏格纳的尸体，他蜷缩在自己的睡袋里，躺在一张驯鹿皮上。探险队长在日记中写道，魏格纳那双锐利的蓝眼睛睁得大大的，似乎面带微笑。

　　他去世的时候应该是刚过完50岁生日后不久，很可能死于心脏病发作。发现魏格纳尸体的探险队在现场立起了一个很大的十字架，然而十字架很快被格陵兰岛上移动的冰层撞翻掩埋，几十年过去了，人们再也没有找到这个十字架，魏格纳的尸体也长眠在格陵兰岛的冰层里。

军事项目提供的证据

　　第二次世界大战期间及以后，海军开始使用声呐来探测海洋的深度。在此之前，科学家们对海底的情况几乎一无所知。声呐提供的海底图像揭示了一个隐藏的世界。首先测量员们很惊奇地发现，大约在大西洋中部的海底有一个巨大的海底山脉，后来被命名为大洋中脊。这个山脉深埋于海底，在北大西洋从海面升起，成为冰岛的一部分。又过了不久，人们发现在其他海洋下面也有类似的海底山脉，而且这些山脉属于火山。当两个构造板块分开，火山活动形成新的海洋地壳时，大洋中脊的海床就会扩展，这就是海底扩张的过程。

　　还有一个支持大陆漂移理论的重要证据也来自一项军事计划。这是美苏两个超级大国持续监视彼此核试验的另一结果。我们在上文说过，原子弹爆炸引发的地震威力相当于小型地震，因此很容易被地震仪观察到。考虑到这一点，美国人在科罗拉多州的一个军事基地安装了数百台测量地震波的设备，并用计算机对数据进行分析。仔细分析测量数据之后，他们就能够确定许多地震是从海底什么地方开始的。与此同时，科学家发现地震波在地壳以下的传播速度比在岩石中要慢。在地壳以下，也就是地表以下100到200千米深处是可变形的软流圈，正是这些物质承载着大陆板块在上面移动。

基于这些以及其他几个发现，魏格纳的大陆漂移假说再次引起了广泛关注。科学界对魏格纳的思想进行了几次重大改进，到了20世纪60年代末，这个理论已经被普遍接受。大陆并不是像破冰船穿过冰冻的海面那样穿过海洋底部，而是和海底一起形成巨大的构造板块。正如魏格纳设想的那样，移动的不仅是大陆，海底同样也会移动。位于不同构造板块上的大陆像放在传送带上的矿石一样朝着不同的方向移动。地球表面由10个大板块构成，它们一直在移动，并互相推动碰撞。当两个分开的板块发生碰撞时，山脉就会上升。同样，大陆的运动也解释了地球表面的其他一些特征。今天，板块构造理论被普遍认为是地球结构的基本理论之一。

当春天变得寂静时

一本书能以简单明了的方式描述最新的科学发现，并重新定义我们对世界的看法，这种情况并不多见。四个世纪以前，伽利略的一部著作就成功地做到了这一点。这本书就是《星际信使》，讲述了伽利略关于月球、恒星和行星的新发现，在当时具有革命性。读过这本开创性著作的读者都会毫不怀疑地认为，旧的观念完全不足以描述物质世界。

1610年，伽利略将他通过望远镜观察到的现象公之于众，改变了人们对天空和天体现象的理解。数百年后，1962年，美国生物学家蕾切尔·卡逊也用她的著作《寂静的春天》改变了人们对人类与自然之间的关系的理解。《寂静的春天》是一部非常有影响力的环保主题的著作，写得非常好，以简明清晰的方式总结了技术对环境产生的有害影响的最新研究——特别是化学工业，广泛使用合成杀虫剂对环境造成了难以挽回的巨大破坏。这本书引发了一场大规模的保护运动，迫使美国各州停止将各种化学物质直接倾倒在环境中，甚至成为促使环保事业在美国和全世界迅速发展的导火线。

这本书在广大公众中也引起了强烈的反响。卡逊描述了一个田园牧歌般的美国小镇，那里的生活宁静祥和，居民们与自然环境和谐相处。然而这种美丽的和谐却突然被改变自然平衡的化学物质彻底破坏了，在卡逊想象中的极端情况下，这些人为的影响导致了鸟类的灭绝，春天变得彻底了无生气的寂静，这也是书名的由来。

天然的就好，人造的就不好？

这种认为自然是一个和谐的整体，可以被外部影响打破平衡的观点很快流行起来，因为它简单清晰，并包含明确的实践指导。环境中所有"化学物质"和所有"人造的"东西都必须被清除，保留"天然的"和"有机的"东西，一切都要符合生物安全。

于是一种过度简化事物的趋势很快就形成了，甚至达到了这样一种程度——所有人造的东西都被视为不好的，所有自然的东西都被视为好的，并成为我们对世界直观印象的重要组成部分。我们的大脑已经内化了这个规则，当面临困境时，我们瞬间的情绪反应常常会基于这个规则。但不幸的是，在过去几十年里，过分相信这种简单化也导致了一系列集体错觉的出现。

"反疫苗"运动背后的驱动力就是这样一种集体错觉。有些人开始害怕疫苗，因为他们认为接种疫苗是让人体摄入一种外来的人造物质，这种物质在传统的自然环境保护主义者那里是不受欢迎的。其实只要我们稍稍多想一下，就会明白接种疫苗是一件非常"自然"的事情，因为接种疫苗可以被解释为对人体免疫系统自然反应的最微小的外部刺激，它的目的是建立人体对疾病的防御。然而不幸的是，这种解释一直没有成为人们坚定的共识。

另一个例子是公众对转基因作物的反应，大多数人都是持过度简化的自然环境保护论的观点来看待这个问题。因为转基因是通过"人工"植入植物的，所以我们倾向于认为它是不好的东西。公众普遍反对转基因作物，即使转基因的目的是从植物中去除一种危险的过敏原，使其产生一种重要的维生素，或增强其对寄生虫、洪水、干旱等灾害的抵抗力。

在考虑这个问题的时候，我们应该牢记一点，人类今天种植的任何一种食用作物都和它最初的样子不一样。驯化以供人类食用的过程会使植物的外观发生巨大变化，我们的祖先甚至都认不出我们今天种植的大多数作物，而我们也不会喜欢他们熟悉的古老品种。尽管这是确凿的事实，但我们还是会直观地认为今天种植的作物都是自然的而不是人工的，然而我们通过杂交获得的一些作物品种已经被改变到不能繁殖的程度，每年都需要购买新鲜的种子来种植新的作物，例如杂交玉米。

有趣的是，尽管核电站附近的放射性会给植物种子带来不可预知的基因变化，但许多反对转基因的人仍然会把核电站附近的植物生长视为一种"自然"过程。但如果我们用基因技术改变植物的某个特定基因，他们就会认为这是一种脱离自然秩序的人工过程。

自然和人工：新的区分

简单地把自然看成是好的，把人为看成是坏的，这种观点很明显需要尽快更新，或者至少应该附带一个说明：这在某些情况下并不真实，甚至可能是有害的。事实上，当涉及人类历史上最危险的一个环境问题时，这种对"人造"和"人工"的偏见是站不住脚的。

化石燃料使我们能够建立一个非常成功的复杂文明。发达国家大多数人的生活都要比工业革命之前舒适得多。在科学技术兴起之前，一个家庭平均有六个孩子，其中只有两个会顺利长大成年，而其他四个则会死于疾病和营养不良。这种情况在欧洲一直持续到19世纪初，而在世界其他地方，这种情况则一直持续到20世纪，非洲最贫穷地区的许多人甚至今天仍然要面对这种恶劣残酷的生活。进入现代之后，世界上多数国家在发展公共卫生服务方面都取得了相当大的进展，现在每个家庭平均只抚养两个孩子。

使用化石燃料为我们的文明提供了足够的能源，但也产生了一个严重的副作用，也就是众所周知的温室气体的积累。化石燃料燃烧后释放的一氧化碳、二氧化碳等温室气体进入地球的大气中，这些气体毫无疑问正在导致我们的大气层缓慢升温，导致冰川融化、海平面上升、海洋酸度上升，以及越来越常见的极端天气，例如飓风、季风和严重干旱。这些变化对地球上的生物和自然环境都产生了不可否认的影响。

据估计，自从化石燃料首次以工业规模使用开始，人类已经向大气中释放了15000亿吨二氧化碳。根据最新的计算，在我们目前的生活方式变得不可持续之前，我们最多只能再释放5000亿吨二氧化碳。这5000亿吨二氧化碳将导致地球平均温度上升2摄氏度，如果大于这个升幅，局势将变得无法控制。

如果我们把现在拥有的化石燃料成品全部使用完，将产生28000亿吨温室气体，肯定会导致我们无法承受的灾难。这就是我们必须尽一切努力减少使用化石燃料的原因。然而现代文明显然在很大程度上依赖于化石燃料，因此只有转向可再生能源和清洁能源才能解决我们现在面临的困境。要做到这一点，首先必须对自然和人工进行新的区分。

我们无法面对的威胁

不幸的是，我们在面对气候变化带来的威胁时仍然非常被动，主要是因为我们对待这个问题的态度不够认真。很重要的一点是这些由化石燃料导致的环境变化发生得很慢，很难被注意到。这就像我们走在山路上，没有注意到眼前的路正在慢慢变得更窄、更陡、更不安全，所以我们还是不顾一切地继续往前走。然而尽管眼前的路不是突然就变得难以前行，但确实是每走一步都会变得更不容易，直到我们突然意识到自己已经被困在悬崖上进退两难，这时候我们才意识到一路走来其实有多么艰难。

半个世纪前，蕾切尔·卡逊的《寂静的春天》这本书让人们形成了一种直觉，甚至会下意识地认为所有自然的东西都是好的，所有人为的东西都是坏的，这种直觉带来的是一种极其简化的方法，根本无法帮助我们应对气候变化带来的挑战。毕竟按照这种错误的直觉，还有什么比生火做饭和取暖更自然的事情呢？所以烧柴烧油烧气没什么问题。还有什么比我们在屋顶上安装太阳能电池板更人工的事情呢？所以这肯定是不好的。

我们迟早需要放弃现在的主流观点，不能再简单认为所有天然的、有机的东西都是好的，而其他的都是坏的。我们对抗气候变化的唯一希望是发展科学技术，使我们能够在不耗尽剩余的化石燃料的情况下保持现在的生活质量。

如果我们什么都不做，那么毫不夸张地说，到我们孙辈的时候，春天

freepik 供图

就不只是寂静，甚至根本就不会到来。在极端情况下，如果我们继续燃烧太多的化石燃料，温室气体的释放可能会严重破坏我们的大气和环境的平衡，地球将变得不适合人类居住，美丽的春天恐怕会永远变成美好的回忆。

没有化石燃料的世界

　　冷战期间，苏联政府在西伯利亚叶尼塞河上修建了一座超大型水电站，这是苏联工程技术的一次胜利。为了将水能转化为电能来为西伯利亚一个重要的工业区提供电力，苏联人修建了这座坝高240米的水电站，并被载入吉尼斯世界纪录。工程师们确信他们已经采取了所有必要的预防措施，以防止大坝遭受自然灾害或机械故障的影响，建筑设计的坚固程度足以承受里氏8级地震。但在2009年8月17日，当地时间上午8点13分，这座1978年投入发电、1987年完全建成的巨大水电站发生了出乎所有人意料的事故。

　　大坝顶部的一台由流水驱动的涡轮机此前曾出现过轻微振动的迹象，就在那天早上，这台涡轮机发生了剧烈的爆炸，原因不明。重达200吨的发电机脱离了固定装置，撞毁了大坝的部分设施。水开始不受控制地从大坝下面喷涌而出，淹没了整个水电站内部。其中一个涡轮机的破坏导致其他涡轮机也变得极不稳定，很快都发生了爆炸，短短几秒钟内，这座巨大的水电站就变成了一堆混凝土和钢铁的废墟。

这是一场非常严重的事故，造成了巨大的人员伤亡和物质损失，消息传出之后，全世界都为之震惊。经过数周的搜寻，搜救人员在废墟中发现了74具尸体，还有一人失踪，应该也没有生还的希望。当爆炸发生时，40吨冷冻机油泄漏到河里，所含的有毒化学物质污染了河水，杀死了河里的鱼。

水力发电被认为是最清洁、最安全的能源之一。水力发电只需要修建大坝，而不会产生温室气体或放射性废物，因此不会对环境造成太大破坏。但该水电站的灾难表明，即使是最安全、危害最小的电力来源也可能造成严重的环境污染和重大的人员伤亡。

自中世纪以来，人类一直都在用水车和风车来完成大量机械工作，但在18世纪之前，人类主要的能源实际上是生物燃料，也就是木材。食物生产技术在很大程度上都依赖于人和牲畜的体力劳动，而木材不仅是燃料，也是建造房屋、机器和交通工具的主要材料。随着人口的增长，一次性使用的木材的巨大数量阻碍了社会发展。用于燃烧的木材越多，剩下作为建造材料的木材就越少。此外，粮食需求的增加必然需要更多的耕地，这同时也会减少林地面积。

想象一下，如果在过去的几个世纪里，我们的主要能源不是化石燃料，而是水力、风力、太阳能等可再生能源，我们的文明将会是什么样子？如果没有煤，或者我们不使用煤，地球将会是什么样子？其他能源是否也能引领人类文明达到我们现在的发展阶段？如果工业化是从瑞士山区或挪威这种水力资源丰富的地方开始，而不是从以煤为主要工业化能源的英国开始，今天的世界将会是什么样子？拥有天然水力资源的国家可能会拥有战略性的地理优势。

古代文明大多使用木头和木炭作为主要的能源。直到欧洲进入中世纪之后，英国才开始广泛使用煤炭。在13世纪，水路运输比陆路运输更容易，成本也更低。与欧洲大陆不同，英国没有特别长的通航河流，但英国东北部的泰恩河沿岸地区的煤炭产量非常丰富，而且可以相对容易地沿着海岸运到伦敦。由于这种特殊的地理特征，煤炭的价格在英国一度比木头更便宜。煤炭最开始主要用于生活用途，例如烧炉子和锅炉。由于不够纯净，当时的煤炭还不能用于冶金，达不到用来炼钢的标准。钢是通过向铁中加入一定量的碳制成的铁碳合金，而煤炭中的杂质，例如硫，会使铁碳合金达不到使用木炭炼钢时的那种坚硬度。直到17世纪，冶金学家才找到一种提纯煤炭并将其转化为焦炭的方法，而焦炭可以用来制造高质量的钢铁。焦炭替代木炭导致优质钢材的价格从18世纪初开始下降，这反过来又推动了工业化的进程，并使建设铁路的设想变成现实。优质而廉价的钢材不再依赖于有限的木材生产，促进了许多行业的蓬勃发展，从而使社会的整体发展速度变得更快。

与有限的木材资源不同，英国的煤炭供应似乎取之不尽。到了1820年，煤炭已经成为英国的主要能源，如果用木材能源替代英国一年使用的煤炭能源，就需要一片比整个英国面积还大的森林。生产1吨铁需要10公顷的森林，而用煤炭来生产则只需要5吨。充足的煤炭供应解决了木材资源对工业革命的限制。到19世纪初，煤炭成为英国工业的第一能源。工厂选择使用煤炭能源也是很自然的事情，因为水力资源的容量在当时已经完全耗尽，工厂也不可能搬到山区去开发新的自然水力资源，因为除了修建水电站的成本之外，将原材料运到目的地，然后再将成品运出的代价显然过于高昂。如果地球上没有如此丰富的化石燃料，如果这些化石燃料不是这么容易获取，我们今天所看到的全球工业化社会恐怕不可能实现。

《新科学家》杂志2014年刊登了一篇名为《没有化石燃

料的世界将是什么样子》的文章，作者迈克尔·勒·佩吉在文中描绘了另一种世界秩序的发展蓝图，这是一种排除化石燃料的世界秩序。佩吉认为，只要我们能从化石能源过渡到可再生能源，这个想象中新的人类文明就能获得成功。事实上，这种过渡是一个真正的标志，表明这个新的人类文明绝不是一种短暂的文明，绝不是注定要走向停滞、倒退甚至崩溃的依赖于化石燃料的工业文明，而是一种能够建立永久稳定条件的文明，一种能够让我们在这个星球上可持续地享受高质量生活的文明。

恐龙为什么会灭绝

　　20世纪70年代，美国地质学家沃尔特·阿尔瓦雷斯开始研究意大利翁布里亚的中世纪城镇古比奥附近的岩层，他当时并不知道自己会发现恐龙灭绝的原因。当时，阿尔瓦雷斯正在研究一种确定沉积岩年代的新方法，他选择了位于意大利半岛中部古城附近的石灰岩岩层，因为那里为他的实验提供了绝佳场所，岩层由清晰的层状岩石构成，所以不难确定其年代。

　　亿万年前，恐龙称霸地球的时候，欧洲南部的大部分地区还在海平面以下。沉积物堆积在海底并随着时间的推移而变成岩石。后来经过地球的构造运动，这些曾经被海水淹没的地区变成了地表，因此古比奥附近的石灰岩可以告诉我们1亿至5000万年前地球表面发生了什么。

无化石岩层的秘密

阿尔瓦雷斯仔细检查沉积层时注意到一条颜色略暗、偏红色的线，厚度约一厘米，在周围的岩层中很显眼。这条线下面更古老的沉积物中满是白垩纪时期的小型海洋生物化石，这条线之上的岩层是第三纪早期，可以看到的化石要少得多。然而令人惊讶的是，这个分隔两大地质时代的一厘米厚的红色黏土层中完全看不到化石。

阿尔瓦雷斯知道这两个地质时代的分界线所代表的时期和恐龙灭绝的时期一致，专家将其称为"K-T界线"（"K"和"T"分别是白垩纪和第三纪的传统缩写）。没有化石这一现象似乎表明当时地球上发生了可怕的灾难。通过研究古老的化石，地质学家们推断出地球上有一半生物在那段时期灭绝了，但是对于这场灾难的原因众说纷纭。虽然这个沉积层在美洲比在欧洲略厚一些，但阿尔瓦雷斯相信分析全世界都能找到的这种被称为K-T界线的薄沉积层，可以揭秘生物大灭绝背后的真正原因。

6500万年前地球上发生的大灾难并不是我们这个星球跌宕起伏的历史中所发生的唯一类似事件。地质学家发现了好几次这种导致地球生物大灭绝的事件。2.5亿年前二叠纪末期也发生过类似的灾难。专家推测当时有一个未知的事件突然灭绝了90%的海洋生物和70%的陆地生物。这次大灭绝的原因尚不清楚，很可能与火山活动有关。在此之后，恐龙统治了地球。

20世纪70年代末，沃尔特·阿尔瓦雷斯和他的父亲，著名的诺贝尔物理学奖得主路易斯·阿尔瓦雷斯开始进行专门的研究，想找到导致恐龙灭绝的线索。两位科学家首先想要弄清楚的是，那一厘米厚的岩层是如何形成的，他们相信通过这样的分析可以找到导致那场大灾难的原因。他们决定通过研究其中的稀有元素铱来确定沉积层形成的速度。地球表面所有的铱几乎都来自陨石的尘埃，这些陨石进入大气层的时候就会成为我们时常看见的流星。在地球形成的早期，所有的铱元素都被吸到了地心，所以地球的表面找不到这种元素。由于每年落在地球上的流星尘埃的数量基本相同，所以地质学家可以通过研究铱的含量来确定一个特定沉积层的形成需要多少年。

是一座山撞上了地球吗

阿尔瓦雷斯父子从古比奥附近的地层中提取了样本，通过分析发现其中的铱含量是正常水平的30倍。这是一个明显的迹象，表明该地层形成的年代的确发生了一些无法用常规地质现象解释的不同寻常的事情。为了排除局部偏差的可能，他们对丹麦斯泰温斯－克林特地区悬崖的地质样本也进行了同样的分析，结果他们在 K－T 界线测量到的铱含量比周围的岩层多出 160 倍。

基于这一结果，他们提出了一个大胆的假设，6500 万年前有一个直径 10 千米的彗星或者小行星撞击地球造成了恐龙的灭绝。他们认为，这个和珠穆朗玛峰大小差不多的陨石和地球相撞，并导致巨大破坏，以至于生活在地球表面一半的生物因此灭绝。

小行星的撞击引发了巨大的海啸，而且导致地球表面大火燃烧不止，大量烟尘遮天蔽日，有好几年时间阳光都无法照到地面。由于缺乏阳光，植物无法进行光合作用，也无法生长，于是动物的食物日渐稀缺。食物的匮乏对恐龙来说是致命的，不过人类的远亲——小型哺乳动物却在这场大灾难中存活了下来。

1980 年，阿尔瓦雷斯父子在《科学》杂志上发表了他们的观点，结果他们一时之间成为众矢之的。其他专家普遍认为过量的铱是由于强烈的火山爆发导致的，并非来自外太空。但支持他们假说的证据最后变得越来越充分，地质学家在地球所有地方都发现了同样富含铱元素的地层。他们还发现了只有在极端压力下才能形成的特定类型的岩石，例如在灾难性的小行星碰撞中。

墨西哥湾的神秘陨石坑

1991年，科学家们又有一个重大发现，最终促使小行星碰撞假说成为教科书中的内容。在墨西哥尤卡坦半岛发现了一个直径180千米的巨大陨石坑，它被命名为希克苏鲁伯陨石坑，这是陨石坑中心附近一个村庄的名字。这个陨石坑是地球上已确认的最大的撞击结构之一，其年代和那一厘米厚的红色沉积岩层是一致的，因此这极有可能就是当时小行星撞击地球的地点，也正是这一事件导致了恐龙的灭绝，终结了恐龙在地球上长达1.5亿年的统治。

其实早在几十年前，为墨西哥国家石油公司工作的地质学家在对周围地区进行空中勘测时就发现了这个陨石坑。然而，鉴于墨西哥国家石油公司对数据的保密要求，地质学家们不能公开讨论他们的发现。直到1981年，墨西哥国家石油公司放松了严格的保密政策，地球物理学家格伦·彭菲尔德才有机会在一次科学会议上展示最新的测量结果。由于出席会议的学者不多，所以彭菲尔德的演讲并没有得到太大关注。另外，彭菲尔德也没有保存好从陨石坑获取的岩石样本，这些样本可能已经遗失了。

　　十年后，彭菲尔德才和一些科学家展开合作，试图寻找6500万年前形成的小行星陨石坑的具体位置。墨西哥国家石油公司最终找回了岩石样本，科学家们以此确定了陨石坑的成因。样本表明这些岩石只能在巨大的压力和特殊条件下才能形成，例如小行星和地球碰撞。

创造第二个伊甸园

出生于300多年前的瑞典博物学家卡尔·冯·林耐是欧洲科学界最声名狼藉的人物之一。他自我评价极高，在自传中这样写道："没有比我更伟大的植物学家和动物学家，也没人以自己的经验为基础，如此详尽、系统地写过这么多著作。谁也没有像我这样彻底地改变科学，从而开启一个全新的时代。"不过赞颂他的人并非只有他自己，当时的许多思想家也承认他的伟大。让-雅克·卢梭这样评价过林耐："告诉他，在我认识的人中没有比他更伟大的了。"约翰·沃尔夫冈·冯·歌德曾写道："除了莎士比亚和斯宾诺莎，在已辞世的人中，我不知道还有谁对我的影响比他更大。"

成为第二个亚当

18世纪常被称为"分类时代"，而林耐就是最典型的代表。即使过去了三个世纪，林耐依然被人铭记，因为他创造了简单而高效的生物命名和分类系统。然而，他的科学热情并不止步于将生物系统化，他想在自己所居住的瑞典大学城重建一个伊甸园。他试图收集世界各地的植物和动物，并使它们在瑞典相对并不友好的气候下生存下来，进行繁殖。

林耐自视为亚当第二，根据《圣经》的描述，伊甸园里的亚当知道上帝放在那里的所有动物的名字。林耐希望在瑞典乌普萨拉的植物园中重建这个自然乐园。他认为，《圣经》里的伊甸园最初是在一个较小的热带岛屿上，植物和动物从那里传到了世界各处，并适应了更冷的气候条件，同时这些物种基本保持不变。他的"科学"想法是，可以人为激发那些热带植物原有的自发适应性，他坚信既然这些植物以前能够适应不同的气候，那它们就能再次适应。

地球上的新伊甸园

林耐的愿景是在瑞典创造一个新的伊甸园。他派遣助手和学生去往世界各地为他带回各种奇异的植物，尝试让这些植物适应瑞典的气候环境。他先是在瑞典南部比较温暖的地方种植一些样本，再逐渐将它们移植到乌普萨拉。例如，他的助手和学生竭力将中国的茶树、桑树和水稻移植到瑞典，并试图培育桑蚕。

林耐想在瑞典种植尽可能多的植物，主要原因之一是他希望瑞典成为一个经济独立的国家。当时的人们对经济的解读十分神秘。人们相信，如果科学家能成功创造出伊甸园般的环境，再现上帝在最初的伊甸园里创造出的那种生态和谐，那么这个国家所有粮食供应问题都将得到解决。一些学者认为，上帝为了促进国际贸易，把大自然的恩赐散布到世界各地，但林耐不同意这种观点。

然而，好高骛远的林耐遇到了不可逾越的障碍——瑞典的气候。尽管他为了让外来植物适应当地气候绞尽脑汁，但仍然只有少数植物能在新环境中存活较长的时间。有趣的是，林耐在富含卡路里的马铃薯的种植上几乎已经取得了实质性突破，不幸的是他相信马铃薯有毒。他认为马铃薯含有致命的剧毒颠茄素，所以他确信即使是猪也不会吃马铃薯。遗憾的是，当时没有人想到食用马铃薯应该像我们今天这样，只吃块茎。不过当时的人们发现马铃薯可以用来酿酒，还可以制作假发敷粉，这在当时是非常时尚的。首先将马铃薯用于假发敷粉的是一位女性，她成了瑞典科学院第一位女性成员，也是20世纪之前唯一获此殊荣的女性。

植物的名字和姓氏

在世界各地收集外来植物时，林耐的助手和学生也向当地科学家介绍了他们的生物分类系统。这一理论简单实用，很快被人普遍接受，无疑比林耐试图在瑞典复制伊甸园的想法成功得多。

林耐的分类系统非常有效，他只用2个拉丁词语来描述任何植物或动物，这有点类似人们用名和姓来互相识别。他选择用拉丁词语是经过考虑的，一是为了使这个系统更普遍化，二是防止一些国家感到受了冷落。之前的博物学家通常用各种不同的、不切实际的方法来为植物和动物命名，他们起的名字总是描述性的，长达15个字或更多。

可能很多人都不知道，他第一次发表自己的植物分类体系时曾引发很大的争议。人们批判他的分类方法是非自然的，强行把植物划分为想象中的群体。此外，他决定根据植物的生殖器官进行分类，这一点也成了众矢之的。

虽然在今天已经是常识，但直到17世纪末，自然学家才发现植物也是有性繁殖的。正如林耐所描述的那样，他对植物物种分类的原则基于"植物联姻"。他引入了一种新的分类系统，根据特定植物在结合中出现的雄性（雄蕊）和雌性（雌蕊）的数量来进行分类。

这是一种不道德的植物分类方法吗

1753年，他的奠基性著作《自然系统》首次出版，书中根据植物结合中雄蕊的数量、相对大小和位置，将所有植物划分为若干个纲，继而根据雌蕊的数量、相对大小和位置，将纲划分为不同的目，再根据花或果实的结构划分为不同的属，属又根据植物的叶结构或其他特征被划分为种。

林耐的分类方式当然是一种抽象创造，尽管建立在植物生殖器官的结构上，但并不是通过对这些生殖器官的实际认知，而是旨在将植物按照一个有效的系统分类并命名。这种分类只以生殖器官的结构为基础，与生殖器官的功能无关。

当然，当时公共道德的卫道士们希望保护年轻女孩免受植物学教育的不良影响。因为林耐谈到了植物的主要生殖器官，谈到植物结合时就像谈论新婚之夜的男女，并使用了诸如毯子和新娘的床这种带有暗示性的词语。

在第十版的《自然系统》中，林耐引入了"哺乳类"这个新的词语，涵盖了我们至今仍称为哺乳动物的一大群动物。有趣的是，尽管他也可以轻而易举地归纳这一群体的其他典型特征，但还是选择了女性哺乳的乳房作为该群体的共性来命名。也是在这个版本中，林耐还引入了"智人"这一术语用来指代人类。

香蕉要灭绝了吗

香蕉这种广受欢迎的水果正面临灭绝的威胁，因为一种致命的真菌疾病正在袭击热带地区的大型香蕉种植园。主要的种植商正试图培育一种新的香蕉品种来抵抗这种真菌感染，但尚未成功。科学家们也提供了重要的帮助，他们利用最新的生物技术修改了香蕉的基因，使其对这种疾病免疫，同时保持其原有的形态和味道。

水果还是蔬菜？

大多数欧洲和美国人都把香蕉看作是一种水果，通常作为饭后甜点，但并不是世界上所有人都这么认为。在发展中国家，几乎有5亿人认为香蕉是不可或缺的食物。当地居民不认为香蕉是水果，它们在上桌前必须经过烹饪或油炸，在很多情况下，香蕉会被当成土豆或玉米一样作为主食食用。

世界上有120多个国家种植香蕉，种植面积近1000万公顷，年产量达1亿吨。在发展中国家，香蕉的地位仅次于大米、小麦和玉米，是第四重要的食物。香蕉的营养价值很高，富含钾、维生素A、维生素B$_6$和维生素C，而且香蕉易于消化，通常也是婴幼儿食物的首选。90%的香蕉是在小型农场种植的，供应家庭和当地市场。

香蕉——完美的食物

在东非，主要是乌干达、布隆迪和卢旺达这几个国家，当地的居民保持着香蕉消费量的世界纪录，每人每年要吃掉250千克香蕉。香蕉还可以用来生产一种在当地非常受欢迎的啤酒，这是当地居民摄取维生素B的主要来源。和其他作物相比，香蕉的优势是不需要每年重新种植。它们在不同的环境中都能旺

freepik 供图

盛生长，一年四季都能收获，这也意味着当其他作物还在成长时，香蕉是恒定的食物来源。随着发展中国家城市化进程加快，大量人口从农村迁移到城镇和城市，香蕉因为易于种植也成了城市居民的重要食物来源。

全世界一共有大约1000种香蕉，可以分成50大类。有些香蕉树可以长到15米高。欧洲和北美常见的香蕉是卡文迪什品种，产量仅占世界香蕉总产量的10%。它们大多生长在热带地区的大型种植园里，成熟后被运到超市的货架上。非常有趣的是，美国人食用卡文迪什香蕉似乎比其他任何水果都多，平均每人每年消耗10千克；苹果在美国排名第二，平均每人每年消耗7千克多一点。

种植出售卡文迪什香蕉是一笔很不错的生意，利润很可观。香蕉生产大国被称为"香蕉共和国"，在这些国家里，一些强大的国际香蕉公司甚至对国家的运作都有决定权。对于这样的公司来说，即使用暴力推翻政府也不在话下，他们只考虑自己利润丰厚的产业。所谓的"香蕉公司"对政治最引人注目的干预是1954年危地马拉总统的下台。另外著名的古巴猪湾事件背后也有他们的身影，不过这个阴谋没有取得成功。

原始香蕉和它的亿万克隆体

从生物学角度来看，我们所熟悉的卡文迪什香蕉也非常有趣。就它们的基因而言，我们每年吃掉的1000亿只卡文迪什香蕉几乎是完全相同的。无论它们的产地是哪里——洪都拉斯、泰国、牙买加还是哥伦比亚——它们都是共同祖先的基因的复制品，也就是20世纪初从东南亚带到加勒比植物园的"原始香蕉"。半个多世纪以前，这种植物被大规模种植，我们今天见到的普通香蕉基本上都是原始香蕉的克隆体。

卡文迪什香蕉是世界上最受欢迎的水果之一，然而世界各地种植的卡文迪什香蕉品种缺乏遗传多样性，这是它面临的最大危险。一种能摧毁一株香蕉树的疾病，同样也能成功地攻击任何数量的相同品种的香蕉树，而且一个种植园受到的感染很可能会扩散到其他种植园。

香蕉的灭顶之灾

尽管听起来非常奇怪，但我们一定要严肃看待香蕉灭绝的危险，因为上世纪中叶就发生过大规模的香蕉瘟疫。100多年前，人们食用的是大麦克品种香蕉，据说这种香蕉比卡文迪什香蕉更大也更甜。然而，20世纪初出现了一种叫作巴拿马真菌的病毒，开始在香蕉种植园蔓延。这种病毒首先在苏里南暴发，之后在加勒比地区蔓延了近20年，最后扩散到了当时重要的香蕉生产国洪都拉斯。为了避免这种疾病，香蕉种植者把种植园搬到未受感染的地区重新开辟土地种植，在这个过程中砍掉了大片雨林。

到了1960年，香蕉迁移策略因为无法承受的高昂费用被迫中止。当时的主要生产商决定用当时尚不为人所知的卡文迪什品种香蕉取代当时种植最多的大麦克品种香蕉，因为卡文迪什香蕉对巴拿马病毒免疫。种植和培育这种新的香蕉自然也要付出巨大代价，但在病毒面前显然别无选择。

然而，1992年在亚洲又发现了一种新的真菌，对卡文迪什品种香蕉也危害巨大。从那时起，这种新的病菌就摧毁了印度尼西亚、马来西亚、澳大利亚和中国台湾的大量香蕉种植园，并开始在东南亚大规模蔓延。它暂时还没传播到非洲和拉丁美洲，但专家认为这是迟早的事情。

如何在灭绝前拯救香蕉

在过去的几年里，为了避免香蕉灭绝，人们花了很大精力来拯救最受喜爱的香蕉品种。科学家们试图通过两种方式来寻找解决之道：一种是按照传统办法，尝试杂交不同品种的香蕉，培育出新品种来抵抗病菌；另一种是利用现代生物科技来改造现有香蕉的基因，培育出抗病的香蕉树。生物技术方法的支持者希望能成功生产转基因香蕉，保持我们今天所知道的香蕉的形状和味道。唯一的不同是，香蕉树可以通过改变基因来抵抗这种毁灭性的疾病。

通过传统方法杂交香蕉的最大问题是它们的种子产量极低。人们发现每300根香蕉只有一颗种子，而且在温室里精心培育之后，只有1/3的种子会发芽。而这些幼苗需要生长两年之后，科学家们才能判断杂交是否成功。此外，还要考虑一些实际问题，除了保留熟悉的味道和外观之外，这些杂交香蕉还要适合长途运输。事实上，就味道和外观而言，人们已经找到了卡文迪什品种香蕉合适的替代品，但没有一个品种符合作为商品的其他标准。例如，一些品种采摘之后很快就会过熟，或者果皮太薄，根本无法经受从种植园到市场货架的长途运输。

香蕉公司最担心的是，科学家们最终创造出的香蕉在味道和外观上都和我们熟悉的香蕉不一样。很多人可能认为香蕉就是香蕉，都差不多，然而事实上他们只是习惯了上千个香蕉品种中的卡文迪什品种香蕉，并不知道不同品种之间其实差别很大。我们愿意接受替代品种吗？新品种的香蕉

或许也很甜，不过形状、大小和味道可能和我们熟悉的香蕉
并不一样。

比钻石更珍贵的露西

　　这是非洲一个普通的清晨，和往日并无不同。古人类学家唐纳德·约翰逊和年轻的同事汤姆·格雷一边喝着咖啡，一边考虑今天要去哪里寻找化石。约翰逊渴望找到人类远古祖先的遗骸，于是来到了埃塞俄比亚的偏远地区。他研究了人类和其他人科物种的进化过程，这时候正在寻找刚开始直立行走的人类祖先化石。

　　他年轻的朋友格雷当时是一位博士后研究员，他有着不同的科学使命。格雷希望借助动植物的化石尽可能精确地还原数百万年前我们的祖先在非洲游荡时的自然环境。众所周知，非洲从前的森林比现在多得多，甚至在今天只剩下荒漠的地区也有丰富的植被。格雷认为，通过某一时期和某一地区的化石分析可以很容易地再现当时的自然环境特征。

寻找化石

约翰逊那天并没有打算离开营地，因为他还有很多未完成的工作要做。前一天，住在肯尼亚附近的两位著名的化石勘探者玛丽·利基和理查德·利基来营地拜访，大家相谈甚欢。利基母子逗留期间，约翰逊没时间对自己的化石标本进行分类，所以决定尽快赶回工作进度。他后来回忆道，虽然那天知道自己本应该留在营地整理化石，但某种神奇的感觉驱使他前往野外。约翰逊在日记中这样写道："1974年11月24日。今天早上我要和格雷一起去162号地区。感觉很好。"

寻找化石是一项相当耗时的工作，同时还要靠运气。许多著名的古人类学家花费了生命中的大部分时间去寻找化石，结果一无所获，所以要成就一番事业需要很大的耐心和极好的运气。这是约翰逊第三次远征埃塞俄比亚的哈达尔地区，之前的运气不错，有不少收获，不过他绝对没有料到，1974年11月24日这一天，他会找到通往古人类学史上最重要发现之一的那条线索。

喝完咖啡之后，约翰逊和格雷上车前往162号地区。他们的目的地实际上离大本营只有几千米远，但由于地形复杂，需要半小时才能到达。当他们到达的时候，非洲的天气已经非常炎热，早晨清爽的空气已经消失了。

埃塞俄比亚的哈达尔地区因为丰富的化石资源而闻名。哈达尔是阿法尔沙漠的中心，那里曾经有一个湖泊，聚集了各种各样的沉积物。当湖水干涸时，它们浮出了水面，昭示着几百万年前这里发生的一切。

寻找化石的过程中最重要的是辨别化石和普通岩石。所谓的运气必须建立在对某个地区进行仔细和系统的分析之上。那天早上，约翰逊和格雷在162号地区搜寻时，只找到了几颗一种已灭绝的马的牙齿，一块已灭绝的猪的头骨，和一块猴子的下颌骨。临近中午的时候，气温已上升到40多摄氏度。

320万年前的遗骸

约翰逊和格雷找了整整一上午的化石后，决定返回车里，开车去营地吃饭。他们已经上路之后，约翰逊决定再仔细观察一遍这个区域。最终他的目光落在一小块刺入地面的骨头上。约翰逊突然叫道："那是一块人类的臂骨！"但格雷不相信："不可能，太小了，可能是猴子的骨头。"

然而，当他们在附近又发现了一块头骨之后，格雷也笃定这不是猴子的骨头，而是人类的。他们在周围再次仔细彻底地搜索了一遍，又找到了一些椎骨和部分骨盆。他们立即意识到，几乎可以肯定这就是古人类史上最伟大的发现之一。在此之前，从未有科学家找到这么多保存完好的同时代的人类骨骼。过了一会儿，当他们在超过40摄氏度的高温下找到肋骨残骸时，不禁欣喜万分地跳了起来。

他们仔细标记了发现化石的地点，又找到了更多的腭骨残骸，然后动身返回营地寻求帮助。约翰逊和格雷太激动了，没等到达营地，他们就开始不停地摁车喇叭，大声宣布他们找到了真正重要的东西。

很快，探险队的所有成员都被格雷和约翰逊几小时前发现的残骸震惊了，他们立刻一起前往162号地区。在接下来的三周时间里，他们仔细挖掘了这一区域的每一寸地方，寻找更多的骨头碎片，哪怕是最小的碎片也不放过。最后他们搜集到了400多块骨骼碎片，这些碎片大约占一个完整人体骨骼的40%。

但是有一个问题挥之不去：他们挖掘到的骨骼到底是谁的？刚开始的时候，他们唯一能肯定的是从来没有人发现过这样的东西。第一天晚上，所有人都因为这个发现兴奋得睡不着觉。大家一边喝啤酒一边探讨到深夜，讨论着这一重大发现蕴含的意义。当时一台便捷式收录机正在播放音乐，披头士的《缀满钻石天空下的露西》这首歌重复播了好几遍。

于是那天晚上，他们将这具骨骼化石命名为露西，尽管它的官方名字是 AL288−1，但从那时起直到现在，人们都叫它露西。

如此小的大脑却已经可以直立行走

露西的身高只有一米，体重还不到30千克。她被归类为一种新的原始人类物种——南方古猿阿法种。很快，全世界都知道了研究人员在埃塞俄比亚的这一重要发现，露西引起了极大的轰动。科学家们根据她的骨盆形状断定她是用两只脚走路的。320万年前的露西是现存最古老的直立行走的人类祖先标本。

仅仅过了4年，在坦桑尼亚附近一个叫莱托里的地方，由玛丽·利基领导的另一组科学家发现了保存在火山灰中的一系列脚印，这些火山灰与雨水混合后凝固成了一种类似水泥的物质。370万年前，附近的一座火山爆发时，一种类似露西的生物曾走过这片潮湿的灰烬。

发现露西之前，科学家们认为人类祖先决定用两只脚走路是因为他们变得日益聪明，意识到解放双手做其他事情的好处。他们可以一边走路一边用双手做其他有用的事情，和猴子完全不一样。然而露西的存在驳斥了这一理论，因为她显然就是用两只脚走路的，但她的脑容量却没有比大猩猩大多少。所有证据表明，我们的祖先早已开始直立行走，远比我们设想的人类大脑发育到能够认识直立行走的好处时要早得多。

一项研究对比了黑猩猩和人类行走时消耗的能量，结果证明直立行走的人类所消耗的能量比黑猩猩少75%。这意味着直立行走绝对是一个重要进展，因为这样可以为大脑提供更多能量。我们都知道，即使一个人坐着不动思考的时候也会消耗极大的能量。人类身体的能量有20%用于大脑，这和动物相比要多出很多。

为了给大脑提供能量，人类所需要的最合适、最好的食物是熟食，这样才能更好地消化食物，吸收更多的营养物质。要获得高热量的肉类和其他食物，我们需要工具、武器和知识，这样一来，自由的双手和适当大小的人脑就必不可少了。

动物会思考吗

受到达尔文进化学说的影响，从20世纪初开始，越来越多的人开始对各种各样的新信息产生兴趣，这些信息可能有助于揭示其他动物的实际心智能力。某些特殊的动物拥有非凡能力的故事很快在人群中传播开来。

聪明的汉斯

威廉·冯·奥斯滕是一个德国中学数学老师，也是一个业余驯马师。奥斯滕认为他的马汉斯非常聪明，他声称这匹马会做算术，并能正确解答一些简单的问题。据说汉斯还听得懂德语，因为它会用跺脚的方式回答口头问题。当主人问它"7加4等于多少"时，它会跺脚11下。它还可以用同样的方法告诉主人时间，例如下个星期五是几号。汉斯偶尔还能做一些更复杂的数学计算，例如分数运算。

汉斯的智力引起了公众的极大兴趣。为了确保汉斯的表演没有作弊，德国教育委员会任命了一个由13名专家组成的委员会进行了见证，其中包括一名兽医、一名马戏团经理、一名骑兵军官、柏林动物园的园长和几名中学教师。1904年9月，委员会得出结论，在汉斯的表演中没有发现任何作弊的痕迹。《纽约时报》也对这件事进行了报道。

1907年，一位名叫奥斯卡·普芬斯特的心理学博士对汉斯的惊人智力进行了正式研究，他是德国著名哲学家和心理学家卡尔·斯顿普夫的助手。普芬斯特开始有条不紊地展开研究，他很快意识到，不管提问者和在场观众是谁，这匹马都能进行数学计算，而且只有当提问者知道答案时，它才会做出正确回答，最重要的一点是，如果汉斯看不见提问者，它就无法给出正确的答案。

通过进一步的分析，普芬斯特证明，汉斯能够察觉到提问者的态度、姿势和面部表情在它达到正确的跺脚次数那一瞬间的细微变化。事实上，汉斯不是在做数学题，而是在一边跺脚一边观察提问者，直到它注意到提问者的态度、姿势和面部表情在特定时刻发生了变化。

原来，提问者并没有意识到他是在通过自己的身体动作来引导马的反应。事实证明，这些微小的无意识动作深深植根于人类的行为中，以至于普芬斯特即使已经知道汉斯的智力秘密，也无法控制这些身体行为。后来他也确实掌握了像汉斯一样读懂肢体语言的能力，也可以像汉斯一样通过这种能力来回答问题。

汉斯的主人奥斯滕从未承认过普芬斯特的发现，他继续在德国巡演，继续让观众为汉斯的天才着迷。然而，普芬斯特的发现确实对科学产生了深远的影响，或者更准确地说，对研究动物和人类的实验方法产生了深远的影响。

在汉斯的例子中，提问者显然很有可能会向被提问者暗示正确的答案，即使他们无意这么做。这就是所谓双盲实验的开始，比如说，测试者和被测试者都不允许知道正在服用的药物是否含有有效成分，或者是否仅仅是安慰剂。在今天，所有药物都要经过这样的测试，被证明足够有效之后才能投放市场。

但是，即使抛开"聪明的汉斯效应"不谈，一个多世纪过去了，关于动物的实际心智能力的问题仍然没有得到令人满意的解答。

会说话的鹦鹉亚历克斯

艾琳·佩珀伯格在1976年看了一部关于一只黑猩猩学会

使用手语的电视纪录片后，决定停止在哈佛大学攻读化学博士学位，转而专门研究动物认知。她想知道一只普通的鹦鹉通过系统训练能学会什么。

她去了一家宠物店，请那里的员工帮她挑选了一只年轻的非洲灰鹦鹉。她给这只鹦鹉取名亚历克斯（Alex），这个名字正好是"鸟类学习实验"（Avian Learning Experiment）这个英语词组的缩写。她开始了一项彻底改变我们对鸟类智力的认知的实验。

佩珀伯格在第一次经费申请中提出，她要证明只要去教鸟类如何思考和说话，它们是能做到这些的，但审查人员拒绝了她，并写下了这样一条意见："我不知道你在写这些东西时抽什么烟抽坏了脑子。"在她开始这个项目的时候，科学家们仍然相信只有灵长类动物才有足够强大的大脑来学习与人类进行复杂的交流，而鸟类是无法做到这些的。

佩珀伯格研究的主要方向是证明鹦鹉的学习过程不只是由一系列机械的反应组成，还涉及实际的思考，这与人类和比鸟类更高阶的灵长类动物相似。她花了几十年时间系统地教亚历克斯重复由一个学生示范的手势和声音。首先，由学生来回答佩珀伯格提出的问题，接着亚历克斯会重复这个学生的答案，然后得到积极的强化。课程非常紧张，每天要持续8个多小时，因为亚历克斯并不是总有学习的心情，所以它有时会故意说一些错误的话来抗议，尽管它显然知道正确答案是什么。

佩珀伯格多年来与鹦鹉的合作让许多人感到惊讶，人们发现鸟类也能取得令人着迷的认知成就，甚至大大超过了"聪明的汉斯"的表现。亚历克斯学会了150个单词的发音，并可以在对话中使用它们，将它们有序地组合在语言表达中。它还学会了区分50种物体，定义它们的形状和颜色，并主动地使用1到6之间的数字，这些表现远远胜过了它的前辈汉斯所做的事情。

这项研究的一个重要发现是鹦鹉能够识别两个物体之间的共同特征，以及它们各自的差异。当被问及黄色塑料钥匙和真正的金属钥匙之间的区别时，亚历克斯回答"颜色"；当被问及它们之间的相似之处时，亚历克斯回答"形状"。

2005年，已经是哈佛大学教授的佩珀伯格在一份研究报告中描述了亚历克斯能理解零的概念。当她问亚历克斯两个物体之间的区别时，亚历克斯的回答就像它对钥匙的回答一样；但如果两个物体完全相同，它会回答说"没有区别"。这很可能表明它理解不存在区别也就是零的概念。根据佩珀伯格的估计，亚历克斯的后天智力与5岁的孩子相当，而在情感上则与2岁的孩子相当。佩珀伯格的这一估计听起来好像完全不现实，但无论是谁，只要多看一些网上关于亚历克斯的视频，就会觉得这个观点相当有说服力。

2007年9月6日，亚历克斯在笼子里一动不动，它死了。前一天晚上，它照例和佩珀伯格说了几句再见的话，然而那就是诀别。亚历克斯活了31岁，这几乎只是非洲灰鹦鹉这个物种通常寿命的一半。兽医确定，亚历克斯最有可能的死因是心脏疾病，尽管这只鸟两周前才通过了常规健康检查。

从《纽约时报》等大众报纸到《自然》等科学期刊，几乎所有主要媒体都对亚历克斯的死亡进行了长篇报道。《卫报》报道称："美国正在哀悼。非洲灰鹦鹉亚历克斯比一般的美国总统都要聪明，但是它在31岁时就死了，这对一只鹦鹉来说差不多算是夭折了。"

故事会

尼古拉·特斯拉和托马斯·爱迪生
——富人的冲突

约翰·戴维森·洛克菲勒被认为是有史以来最富有的人之一，他是第一个个人资产超过10亿美元的美国人。洛克菲勒的大部分财富来自石油生意，1870年，他创办了美国标准石油公司，这家公司的业务主要是用石油生产煤油，在19世纪，煤油是用于家庭和公共照明的主要燃料。十年之后，洛克菲勒的标准石油公司垄断了整个美国95%的炼油量，还控制了美国的一些主要铁路干线。

洛克菲勒之所以变得如此富有，最重要的一点就是他成功垄断了用于照明燃料的优质煤油的供应。如果不想坐在黑暗中，就必须买他的煤油，这给他带来了惊人的利润。他的生意以不可思议的速度蓬勃发展，直到照明的新方法问世才打断了他的垄断和暴利。当托马斯·爱迪生发明了耐用电灯泡时，人们清楚地认识到，另一个时代即将到来，而在这个新时代里，煤油燃烧的火焰将被一种新的光源全面取代。

投资银行家约翰·皮尔庞特·摩根立刻有了一种预感，他认为电力将和石油一样赚钱。他与爱迪生取得了联系，并决定向爱迪生的公司投资一大笔钱，以支持使用电能的新技术的开发。作为试验，爱迪生首先在这位极具眼光的投资人家里安装了电灯泡，摩根对这种新的照明设备十分满意。爱迪生的长期目标是让纽约的每一个家庭都用上电灯泡，由曼哈顿的一个小型发电厂供电。

直流和交流

最开始的时候，爱迪生的公司牢牢占据着在普及电力方面的垄断地位，似乎没有任何竞争对手可以构成威胁。这位成功的发明家对自己如此自信，以至于他拒绝任何人的建议。天才的爱迪生有一个同样天才的年轻助手，这个助手渴望得到导师的注意，并向他提出了一个想法，但爱迪生想都没想就拒绝了。这个年轻助手名叫尼古拉·特斯拉，他满脑子都是突破性的想法。特斯拉最初十分崇拜爱迪生，但因为这位导师并不关心助手的发明，于是他决定另立门户。特斯拉创办了自己的公司，从一个与爱迪生不同的角度研究电力的发展。

当时爱迪生正在开发直流电技术，而特斯拉正在试验交流电。爱迪生和摩根打算为整个曼哈顿提供电力，但特斯拉找到投资人乔治·威斯汀豪斯之后制订了更宏伟的计划。特斯拉确信他的交流电技术只需要一个大型发电厂就可以为整个美国东海岸提供电力。

特斯拉选择了一种奇特的方法来为他富于远见卓识的项目吸引投资者。他在全国各地巡回展示，向人们介绍电力的一些不同寻常的特性，并证明所有关于他的技术存在危险的说法都是错误的，尤其是爱迪生认为交流电很危险的观点。在现场演示中，特斯拉通过他的身体和观众的身体传递交流电，让人们相信他的发明是绝对安全的。

霸权之争

尽管如此，爱迪生还是拒绝承认特斯拉的发明。他想出各种方法来捍卫他基于直流电的技术。为了使公众相信交流电存在所谓的危险，爱迪生甚至使出了不光彩的伎俩。他不仅大力推广自己的直流电新技术，同时还向人们散播关于交流电的恐惧。有一次，为了证明特斯拉的技术很危险，他公开用交流电杀死了一头大象。但爱迪生低估了公众的判断力，人们对交流电的信任并没有轻易动摇，反而一直为特斯拉的发明欢呼。

虽然自己曾经的助手特斯拉羽翼渐丰，但爱迪生没有放弃。当时纽约监狱正在寻找一种新的死刑处决方式，以取代被认为过于残忍的绞刑。爱迪生提出用交流电供电的电椅来执行死刑的想法，他认为这就能最终证明特斯拉的技术具有危险的致命性。但这个计划失败了，第一次用交流电供电的电椅公开执行的死刑场面非常糟糕。

电椅通电之后，死刑犯并没有突然间毫无痛苦地死去，而是陷入了痛苦的挣扎，场面令人难以接受，人们普遍认为这甚至比绞刑还要残忍得多。虽然爱迪生设计了这种凶残的杀人装置来诋毁特斯拉和他的交流电技术，但公众并没有对交流电产生恐惧，而是认为电椅是一项失败的发明，不利于人类和社会的进步。

当尼亚加拉瀑布上的一座巨型水力发电厂动工时，人们都在为这座据称足以为整个美国东海岸提供电力的发电厂欢呼，但谁都不清楚它将产生的电力是交流电还是直流电。很明显，交流电和直流电这两种电力系统不能共存，一场激烈的战斗已经开始，必须决定哪一个才是统一的标准。

摩根雄厚的权势和财富为爱迪生提供了强大支持，他动用了所有资源来阻止特斯拉和威斯汀豪斯。当威斯汀豪斯陷入债务危机时，他几乎成功了。但是特斯拉为了挽救交流电技术做出了一个勇敢而慷慨的决定。特斯拉放弃了使用和传输交流电这一重要发明的专利权。通过免费授权，他大大降低了使用交流电的技术成本，并重新激发了许多投资者对加大投入的兴趣。

1893年在芝加哥举办的世界博览会是展示电力技术的好机会。为了让特斯拉的交流电技术赢得博览会的专属照明权，威斯汀豪斯提供了一个比爱迪生低得多的报价，并成功中标。在芝加哥世界博览会的开幕式上，超过20万个电灯泡让整个场地灯火辉煌，它们使用的都是特斯拉的交流电技术。

特斯拉最终也赢得了尼亚加拉瀑布发电厂的争夺战，交流电成了家庭用电的标准技术。直

特斯拉

到很多年以后，直流电才在计算机和电子产品的时代流行起来。

寻找新的利基市场

面对快速发展的电力技术，洛克菲勒意识到电气化时代的到来不可阻挡，于是他开始寻找一个新的利基市场，以保持他的财富增长。作为一个由油田、炼油厂和管道组成的帝国的所有者，洛克菲勒试图从石油中开发出另一种人们依赖的产品，就像人们在几十年里严重依赖他生产的煤油一样。

在与炼油厂的工程师们的交谈中，洛克菲勒注意到一种从石油中提炼出的高度易燃、易挥发的馏分，因为它太容易爆炸了，所以没有人知道该如何使用。炼油厂的通常做法是把这种易燃易爆的液体倒掉，造成了很大的污染。

激起洛克菲勒兴趣的这种石油提炼物就是汽油。但直到很长时间之后，科学家和工程师才找到一种方法让人们安全地使用这种易燃易爆的石油衍生物。经过一轮又一轮的反复试验后，事实证明，正是那些使汽油看起来危险而无用的特性很快就要使它成为人们生活中不可或缺的东西。洛克菲勒也会因此而变得更加富有。

汽油机最早用于炼油厂，并被证明是一种强大而高效的工具。这种技术很快就推广到了其他工业领域，当然，最大的突破还是在以汽油为燃料的内燃发动机成为汽车的标准配置之后。

真正的爱因斯坦

    1895年，16岁的阿尔伯特·爱因斯坦第一次向瑞士苏黎世联邦理工学院申请入学进修物理和数学，但最后没能成功。尽管年纪还小，但爱因斯坦相信自己一定能通过考试入学，并顺利完成学业，然而教务委员会并不相信。

    果然，他以优异的成绩通过了数学和物理考试，但在文学、法语和历史方面却表现不佳，因此被教务委员会拒绝入学。不过这次经历也不完全都是失望，委员会的一位教授注意到了爱因斯坦的才华，并告诉爱因斯坦如果有时间可以去听他讲授的大学二年级课程。另一位考官也向这位少年提出了一个明智的建议，他让爱因斯坦先去瑞士任何一所高中的高三就读，并在那里参加升学考试，这样应该就能顺利进入联邦理工学院。爱因斯坦接受了这位考官的建议。

    一年之后，爱因斯坦从瑞士阿劳州立中学顺利考入联邦理工学院。1896 年秋天，他如愿以偿地进入这所大学学习。刚开始的时候，他非常喜欢上课，总体来说就是一个模范学生，但他很快发现，在常规课程中几乎学不到任何最新的理论。这让他感到非常失望，因为他最感兴趣的是数学和物理的最新发展。于是他决定自己安排学习，在家里或附近的咖啡馆里阅读书籍和文献，只参加学院最重要的讲座。因此爱因斯坦的教授错误地认为他是一个懒惰的学生，打算用最少的努力来混得一个学位。

爱因斯坦一直都很固执，让他承认权威非常困难，他只相信自己的头脑和推理，这一点在大学的等级制度中很不受欢迎。他的教授们都知道他是一个非常聪明、才华横溢的学生，但同时也是一个傲慢又懒惰的年轻人，不喜欢别人告诉自己该做什么。

从爱因斯坦对待实验室工作的态度上就很能看出他对待权威的态度。在做实验之前，学生们通常会得到关于如何进行实验的书面说明，而爱因斯坦通常会将这些说明抛在一边，按照自己的方式进行实验，但结果并不总是那么好。有一次他甚至在实验室里引起了一场小爆炸，弄伤了自己的手，还得缝针。当然，他受到了学校的惩罚，但他根本没有把这种惩罚放在心上，他更难过的是手部受伤导致有一段时间不能拉小提琴了。

就这样，爱因斯坦与教授们的分歧和矛盾越来越多，他对教授们的尊重也越来越少，最终导致他们在爱因斯坦最后的毕业论文答辩中对他进行了报复。毕业论文答辩前三天，他的导师让他把写好的论文誊写在另一种纸上，这占用了他大量宝贵的时间，影响了他的成绩。在满分为6分的学位论文中，他的导师只给了他4.5分。因此爱因斯坦在那一年的四名毕业生中成绩垫底，其他三名毕业生立即得到了留校担任助教的机会，而爱因斯坦却奔波了两年之后才谋得了一份工作。当时爱因斯坦的导师正在招聘两名物理领域的助教，但他宁愿选择两名工程师作为助手也没有选择理论物理专业毕业的爱因斯坦。

当年爱因斯坦那个班级一共有五名学生，除了爱因斯坦和那三名留校的同学之外，还有一名女生，也是唯一未能顺利毕业的学生，她就是米列娃·玛丽克，爱因斯坦当时的恋人和未来的妻子。他们相处得很好，很重要的一个原因可能是他们都觉得自己被排斥了。两个人形影不离，一道学习，一道讨论科学问题，都兼职做家教。爱因斯坦忙于研究他的理论，据说玛丽克对相对论也做出了一些贡献。

当爱因斯坦向母亲宣布他很快就要和玛丽克结婚时，母亲似乎不太喜欢他的这个同居女友。后来爱因斯坦这样描述了他和母亲谈话的细节：

"我向母亲介绍了玛丽克……然后母亲问我：'你要和那个女孩怎样？'我直接回答道：'我要让她做我的妻子啊。'不过我已经做好准备迎接母亲发脾气的场面。事实和我预料的一样，母亲听到我的话立刻扑倒在床上，把头埋在枕头里号啕大哭起来。然后她对我进行了歇斯底里的指责：'你正在毁掉自己的未来，你正在阻断自己的人生道路！那个女人决不能进入一个体面的家庭！如果她怀孕的话，那你就有大麻烦了！'然后我终于也发了脾气，我竭尽全力否认了母亲关于我和玛丽克一直生活在罪恶中的指责，并责备了母亲。后来我告诉玛丽克我在母亲面前捍卫了她。"

正在玛丽克准备参加补考时，一件始料未及的事情发生了，她怀孕了。在当时的情况下，未婚先孕意味着一位青年科学家的前途将成为泡影，但玛丽克毅然决定留下这个孩子。她回到父母身边，在家里生下了一个女儿。这个孩子生下来就不健全，很可能患有精神方面的疾病。没有人知道这个孩子后来的情况，她或许是死了，或许是被别人收养了。但可以肯定的是，爱因斯坦从未见过自己的这个女儿。

爱因斯坦在联邦理工学院的糟糕名声给他造成了很大的

麻烦。甚至后来当他在著名的德国科学杂志《物理学年鉴》上发表第一篇论文时，他仍然被列入黑名单，无法在学术界找到一份工作。他向欧洲各地的大学和学术机构发出申请，但都没有成功。1901 年，爱因斯坦以前的同学马塞尔·格罗斯曼给他写来一封信，告知他瑞士伯尔尼专利局即将提供一个技术员的职位，格罗斯曼会利用父亲的关系确保爱因斯坦被录用。爱因斯坦知道这个消息后非常高兴。

1902 年 6 月，爱因斯坦开始在伯尔尼专利局工作。尽管他每周工作 6 天，每天工作 8 小时，但他仍继续做自己的研究。他后来回忆说，那是他一生中最精彩、最多产的时期之一。1903 年 1 月 6 日，他与玛丽克结婚，双方的家庭成员都没有出席婚礼，只有一位证婚人为这对新人证婚。新婚之夜，丢三落四的爱因斯坦还把公寓的钥匙弄丢了。1905 年 4 月，苏黎世大学终于接受了他的博士论文，这对他来说最重要的是可以加薪了，作为一个拥有博士学位的公务员，他的工资将提高 15%。

使爱因斯坦举世闻名的是他的相对论，这个理论彻底改变了人们对空间和时间的理解。但正如他在给朋友奥托·斯特恩的信中所写的那样："我对量子物理的思考比我对相对论的思考多 100 倍。"当时物理学最关键的问题是：世界究竟是由什么构成的？原子真的存在吗？原子和宇宙中其他东西遵循同样的原理吗？光如何与物质相互作用？这些都是爱因斯坦花了大部分时间研究的问题。

1905年，爱因斯坦提出了他的全新理论：时间不是一个恒定的物理量，相反，它会根据不同的观察者而变化——时间是相对的。至此，他独立而完整地提出了狭义相对性原理，开创了物理学的新纪元。

其他物理学家立即开始研究爱因斯坦的相对论。就在爱因斯坦发表这篇划时代论文的当年，马克斯·普朗克第一个就爱因斯坦的新理论举办了专题讲座，他是当时最顶尖的物理学家之一。普朗克特别欣赏爱因斯坦这篇关于狭义相对论的论文，他给爱因斯坦写的第一封信就是关于狭义相对论的一些问题。

1905年被称为"爱因斯坦奇迹年"，他在这一年还提出了著名的光量子假说，但这个理论没有引起多少关注。实际上，光量子假说在当时产生的问题比它解决的问题还要多。然而，爱因斯坦坚持认为这一奇特的理论具有重大意义，而且他最终获得诺贝尔奖正是因为光量子假说解释了经典物理学无法解释的光电效应。

尽管爱因斯坦对专利局技术员的生活感到很满意，但他仍然希望寻找一个更具学术性的职位，一个能让他在研究上投入更多时间的职位。短短几年之内，科学界就接受了他的狭义相对论，但他与大学的官僚主义之间的矛盾并未化解。1907年，他申请教授资格遭到拒绝，原因是他提交的是1905年发表的那篇论文，而不是按照教授资格申请要求的特别提案论文。一年之后，他再次尝试申请，并按照要求添加了一篇论文，尽管篇幅更长，但这篇论文远不如他在1905年发表的论文那么重要，更没有那种划时代的开创性。这一次，他被伯尔尼大学授予"编外讲师"的头衔，这意味着他可以在不领薪水的情况下在伯尔尼大学授课，如果有机会他也可以申请大学的职位。

过了很长一段时间之后，苏黎世大学放下成见给爱因斯坦提供了一个合适的教授职位。但当爱因斯坦得知教授薪水比专利局给他的薪水要低不少时，他拒绝了这份工作。后来苏黎世大学讨论之后同意支付他与专利局一样的薪水。1909年10月，爱因斯坦离开伯尔尼专利局，担任苏黎世大学理论物理学副教授，他在给朋友的信中这样写道："如此看来，我终于也成为那卖身协会的正式成员了。"

成为控制论之父的神童

20世纪初，哈佛大学校园里有人传言说斯拉夫语言和文学教授利奥·维纳的儿子天赋异禀，是个神童。维纳夫妇的儿子诺伯特仅仅18个月大时就学会了字母表，3岁时开始阅读父亲图书馆里的书籍，5岁就能背诵希腊和拉丁文典籍了。他很快开始钻研化学、数学、物理和生物，并于11岁进入了塔夫茨学院，成为美国历史上最年轻的大学生。

18岁的哈佛大学博士

1906年10月7日，《世界杂志》发表了一篇关于天才诺伯特·维纳的文章。杂志采访了这个男孩和他的父母，维纳夫妇说他们尽力给孩子营造一个尽可能正常的童年。显而易见，没有父母的坚定支持，男孩不可能取得今天的成就。

除了文学和哲学，年轻的诺伯特还对科学表现出极大兴趣。他父亲的朋友，生理学家沃尔特·坎农对他的影响尤其深远，将体内平衡的概念引入生物学让坎农成了非常著名的科学家。诺伯特很喜欢探索坎农在哈佛大学的实验室，很可能是坎农引导他做出成为一名科学家而非哲学家的决定。

本科毕业之后，诺伯特先是去哈佛大学研究生物学，又去康奈尔大学研究哲学。他在18岁时在哈佛大学发表了一篇关于数理逻辑的论文，并获得博士学位。接下来的几年，他前往欧洲游学，并在英国剑桥跟随伯特兰·罗素和戈弗雷·哈代学习了一段时间，之后又投师德国哥根廷大学戴维·希尔伯特门下。第一次世界大战后，他在麻省理工学院获得了讲师职位，并在那里度过了余下的职业生涯。

根据维纳家族的传说，中世纪首屈一指的犹太人哲学家和科学家摩西·迈蒙尼德就是这个家族的祖先，他和诺伯特一样都是神童。按照一些历史记载，迈蒙尼德的后裔确实曾居住在维纳家族的发源地波兰，不过支持这一说法的资料毁于一场大火，所以正如诺伯特在自己的著作中澄清的那样，这只不过是一个故事而已。

自动防空系统的尝试

第二次世界大战初期，诺伯特·维纳写信给美国总统的科学顾问，详细介绍了现代计算机的雏形。然而，当时没有人帮助他把关于现代计算机的设想变成现实。后来，当他得知德国空军轰炸英国造成的可怕后果时，决定把所有精力都放在建立最有效的防空控制系统上。

军事数学家可以非常精确地计算出如何用火炮击中远处的目标。然而，击中飞机的问题在于目标是移动的。因此维纳涉及的计算必须包括飞机飞行方向和飞行速度的所有可用数据，从而提高高射炮的精准度和命中率。然而，这些计算相当复杂，而且极其耗时，所以他研究出一种全新的方法来将这一过程自动化。

维纳在他的"智能"防空控制系统模型中加入了一个关键部分——雷达，这是一项英国人刚发展起来的技术，有了这项技术的加持，他的计算装置可以不断接收到关于一架目标飞机位置的精确数据。负责协调战时科学工作的特别委员会审查了维纳的想法，然后批准了他的建议，并指示开始项目试验。首席项目工程师是年轻的朱利安·毕格罗，维纳和他一见如故，两人在工作上十分合拍。他们首先利用复杂的微分方程从理论上解决了准确击中飞机的问题，然后访问了几个军事基地，在那里直接观察军用飞机的飞行能力。

乍看之下，预判飞机的位置似乎是不可能的事情，因为飞行员都能非常熟练地操控飞机，并成功避开地面火力。然而，他们的闪避动作显然会受到飞行速度的限制，飞行员必须注意在转弯时不能加速太多。正是因为这个因素，维纳和毕格罗可以相当精确地确定飞机可移动位置的范围。

控制论的诞生

维纳对防空控制系统的问题研究得越深入，就越相信自己正在探索一种普遍的逻辑，这种逻辑在自然界的很多情况

诺伯特·维纳

下也可以找到。他开始发展关于反馈回路、信息传递和循环因果的理念，这些理念很快被证明在生物机能和现代科技方面都有非常重要的意义，尤其是在电子和信息技术领域可以说意义非凡。维纳后来将这一科学领域命名为控制论。

维纳的基本思想是，控制论不仅对信息技术领域做出了解释，同时也解释了人类和人类社会的本质。人、动物和机器的信息流通在本质上是相同的。有效的信息流通对系统的稳定运行至关重要，因为信息能使系统通过反馈回路维持平衡和稳定。

控制论作为一种引入新思维和新技术的理念，在实际应用方面颇有前景，也吸引了许多著名科学家的注意力。二战结束之后不久，这些科学家组成了一个小圈子，他们开始聚在一起开会，会议常常一连持续好几天。他们在会议上就控制论的基本原理可能存在的广泛应用互相交换意见。除了维纳和他在麻省理工学院的同事以外，这个小圈子还包括著名的数学家和物理学家约翰·冯·诺伊曼，一些神经学家和生物学家，以及著名的人类学家玛格丽特·米德。

科学家们一致认为控制论的原理能够使他们了解大脑和思维是如何运作的，了解这方面的知识后，他们就可以开发人工大脑，开发类似于今天的计算机的机器。在第一次会议上，米德介绍了她的研究，描述了南太平洋的一些民族如何通过仪式来维持社会稳定，她认为这些仪式是一种社会信息反馈回路的形式。

社会发展的批评家

尽管在二战期间，维纳一直积极参与美国军方的科学项目，但接到邀请参与研制原子弹的那几位科学家中却没有他。他在科学上的资历毋庸置疑，有充分的理由参加原子弹项目，但军事情报部门认为维纳存在安全隐患。一方面，他情绪不太稳定，坚定认为公众应该知道所有知识，这种信念也导致他在二战后和一些同事分道扬镳。另一方面是他与一名德国女士的婚姻，这名女士来自一个忠于纳粹政权的德国家族。事实上，维纳妻子的一个表兄曾在纳粹集中营担任过管理人员。

二战结束后，他很快意识到社会并没有按照他所希望的方式发展。越来越多的知识和信息对公众保密，这令他深感不安。冷战期间，美国政府组织了许多科学家参与军事项目，这些科学家研发出许多不同的技术，但其中许多发现始终都没有向公众公开。维纳有一个愿景，他希望这个世界会按照控制论原理稳定运转，但是这种稳定性应该建立在有效的信息流通的基础上，由反馈回路维持稳定，确保整个社会处于一种平衡状态，正如活着的生物会通过内部调节机制来维持生命。

他公开表达了自己的担忧，之后就被特工人员跟踪，怀疑他"从事颠覆活动"和"同情共产主义"。所幸维纳没有受到更严厉的处罚，这是因为他从未参与过军方最机密的项目，所以不可能泄露任何有关核武器或者具有类似战略价值的秘密。然而他的职业生涯确实因为他公开发表的批评言论而大受打击。如果没有诺伯特·维纳开创的控制论所带来的大量技术，我们今天的生活几乎不可想象。尽管如此，诺伯特·维纳的名字很快就变得寂寂无闻，不再广为人知，人们更熟悉的是那些继续受益于维纳的控制论思想的行业名人。

相信机器可以思考的人

骑自行车 100 千米上学

20 世纪初，艾伦·图灵的父亲在印度担任英国殖民地官员，他的母亲认为印度的教育环境不适合自己两个儿子的成长，因此图灵和他的哥哥在不同的英国儿童机构度过了童年，后来又去了寄宿学校。1926 年，14 岁的艾伦被著名的谢伯恩学校录取，但他第一天上课就差点迟到了。当时英国正处于大罢工期间，公共交通完全瘫痪，年轻的图灵只好骑自行车骑了 100 千米从家赶往学校，这个壮举甚至还上了报纸。

他继续着这种运动员般的生活，特别像长跑运动员。他经常跑步去参加科学会议，有时候甚至比那些选择其他交通工具的同事还快。若不是因为一次意外不幸受伤，他本可以入选 1948 年英国奥运代表队。

十几岁的时候，他非常依恋一个男同学，这个同学后来得了肺结核夭折了。这个少年好友的去世使他悲痛万分，同时也摧毁了他的宗教信仰。他变成了一个无神论者，坚信万事万物都必须有一个事实性解释，即便是引导大脑思考的过程也不例外。

图灵曾两次申请剑桥大学三一学院的奖学金，但都没有成功，后来他决定进入国王学院，当时约翰·梅纳德·凯恩斯、爱德华·摩根·福斯特等名人都在这里授课。在完成了一篇优秀的论文之后，他受邀留校担任教师和研究员。若不是因为第二次世界大战爆发，他的学术生涯可能还会延续很长时间，但是他的祖国需要他完成另一项非常重要的国家安全项目。

破解德军的恩尼格玛

1936年，图灵去了美国，在普林斯顿大学完成他的博士学位。二战爆发后，他回国加入了位于牛津和剑桥之间的布莱切利公园的秘密译码中心。英国政府在这里聚集了许多可能以任何方式破译所截获的德国军事密码信息的人士，包括数学家、国际象棋大师和埃及学专家。

破译敌人的密码信息十分困难，因为德军使用了一种叫作恩尼格玛的特殊机械装置，这种密码机的外观很像打字机。

有了这种密码机，德军可以对信息进行十分有效的编码加密，他们确信，如果没有他们每天都会更换的解密密钥，任何人都不可能破解这些信息。

加入布莱切利公园的秘密译码中心之后不久，图灵和他的同事们发明了一种电子机械装置，借助这台机器，他们每天都可以破译德军密码，了解敌军信息。尤其重要的是，他们还成功破译了德军在北大西洋的潜艇部队所使用的额外加强的密码系统。图灵认为机器可以快速高效地完成大量工作，并将这一理念与自己之前在逻辑和数学方面的研究结合在一起，这一点正是成功破译恩尼格玛的关键。

和许多伟大的学者一样，图灵也是一个特立独行的人。他每天戴着防毒面具骑自行车去布莱切利公园工作，他认为防毒面具可以保护他免受花粉过敏。在茶室里，他把自己的茶杯锁在暖气片上，这样别人就拿不走了。

直到英国政府将关于二战时期破译德军信息的绝密档案解密，艾伦·图灵才因其在数学逻辑和人工智能理论基础领域的成就而闻名于世，也直到这时，人们才清楚地认识到这件事情对战争进程的影响多么重要。

有毒的苹果

二战结束后，图灵回到了剑桥，希望可以在学术研究中找到宁静。他加入了一个开发原型计算机的研究小组，但是他很快发现战后的英国恢复了许多官僚主义的限制，使得工作举步维艰。战争期间，因为要尽快破译德军的信息，所以学者们可以自由选择自己的工作方法，毕竟最重要的是结果。但到了战后，各种陈旧的束缚又回来了。此外，图灵在剑桥并没有家的感觉，所以他接受了曼彻斯特大学的一个职位，那里的研究人员也正在试图制造计算机。

在曼彻斯特大学期间，他发表了一系列更有影响力的文

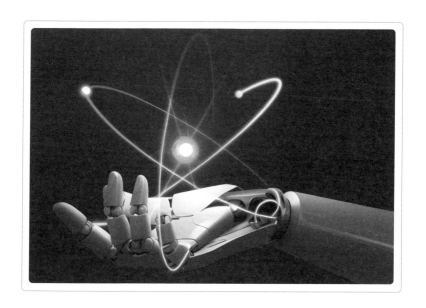

章，其中有一篇非常重要的关于人工智能的文章，他在这篇文章中提出了一个著名的测试，旨在确定计算机是否真的可以思考。这个测试后来被称为图灵测试，根据该测试，当不能分辨回答问题的是机器还是人时，我们就可以说接受测试的机器具备思考能力。